終わらない PFOA汚染

公害温存システムのある国で

中川七海
Nanami NAKAGAWA

旬報社

目次

なお、本文中敬称は略させていただきました。

プロローグ——PFOA工場のない町でなぜ

吉備中央町にて=2024年5月30日、筆者撮影

カレーライスを食べさせていたら

2023年10月16日午後5時半、上原京子（仮名）は岡山県吉備中央町の自宅にいた。2歳と6歳の息子に夕食のカレーライスを食べさせていた。そこへ、同居する義母が慌てた様子で帰宅した。

「オフトーク、聞いた？」

オフトークとは、町内の各世帯に取り付けられた町内放送用のスピーカーだ。朝晩の決まった時刻や緊急時に役場から通知が届く。定刻放送の音量をオフにしていたとしても、火事や災害の重大事が起きたら必ず鳴る仕組みだ。京子の自宅では、キッチンとリビングを繋ぐダイニングルームに取り付けている。料理中や食事中にオフトークが鳴れば、必ず耳に入る。しかし京子は聞いていない。京子が「何も鳴ってないよ。なんで？」と尋ねると、義母は友人宅で聞いた内容を伝えた。

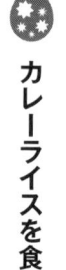

「水道水に変なものが入っていたから、今日から飲むなって」

京子には意味がわからない。「水を飲むなってどういうこと？　今、水道水で作ったカレーをこの子らに食べさせよるよ」。義母は「ようわからんけど、夜7時までに水を取りに行かなあかんらしい」。それで急いで帰宅したのだ。

県の指摘で発覚

翌17日午後7時に実施した住民説明会で、町長の山本雅則ら幹部は町民に対して詳細を明かした。

「2022年度の調査で、円城地区に給水している円城浄水場から、国の目標値50ナノグラム／Lを超える1400ナノグラム／Lの有機フッ素化合物『PFOS、PFOA』を検出していました」

円城地区とは、人口1万人強の吉備中央町で522世帯、約1000人が暮らしている地域だ。

PFOS（ピーフォス）とPFOA（ピーフォア）はどちらも、人体に悪影響のある化学物質だ。地球上に1万種以上存在する有機フッ素化合物「PFAS（ピーファス）」の中でも、特に毒性が高い物質である。水では消火できない石油系の火災に使われる泡消火剤や、焦げ付かないフライパンなどに使われる。全国各地の米軍基地の周辺やPFAS製造工場の近くでたびたび検出されている。

だが、円城地区はもちろん、吉備中央町に米軍基地や製造工場はない。町民たちは、なぜ自分たちの住む町で、水道水が飲めなくなるほどのＰＦＡＳが検出されたのか分からず、唖然とした。

町は飲用禁止までの経緯を説明した。概要はこうだった。

２０２２年に円城浄水場の水質を測った。その際に１４００ナノグラム／Ｌを検出した。この検査結果に対して、町は対応を取らないまま、数値のみを県に報告。２０２３年10月、県職員が当時の高い値に気付き、保健所を通して町に連絡を入れた。

町民たちは不安と怒りを次々に口にする。

「毒水を飲まされていたんだから、水道料金を返還してくれ！」

「私も夫も何年も水道水を飲んできた。二人ともがんになったんです」

「町の危機管理はどうなっているんですか！　命を守る意識はあるのか」

町長の山本は、「すぐに何か（健康影響）が出るわけではありません」と言って町民をなだめた。町民を安心させるため、「全国には、吉備中央町よりももっと高い数値が出ている地域もあります」と事実ではないことも言った。水道水からこれほどの高濃度が出たのは、吉備中央町が全国初だった。

後日、町民の指摘がきっかけで、吉備中央町の水道水汚染は、２０２２年度だけではないことも判明した。国がＰＦＯＡを水質検査の対象に加えた２０２０年４月以降に実施した検査すべてで、高濃度のＰＦＯＡを検出していた。国が定める目標値は、１リットルあたり50ナノグラム。「人が飲んでも問題ない」と定めた暫定的な数値だ。これに対し、吉備中央町では２０２０年度の検査で８００ナノグラム／Ｌ、２０２１年度は１２００ナノグラム／Ｌ、２０２２年度は１４００ナノグラム／Ｌを検出していたのだ。２０１９年以前の濃度は検査をしておらず、値は不明だ。少なくとも3年間、町民はＰＦＯＡに汚染された水道水を日常的に飲んでいたことになる。

2歳児の血液から高濃度ＰＦＯＡ検出

汚染水を飲用したことで、町民たちはＰＦＯＡを体内に取り込んでしまっていた。

汚染公表の翌月、町民たちは「円城浄水場ＰＦＡ

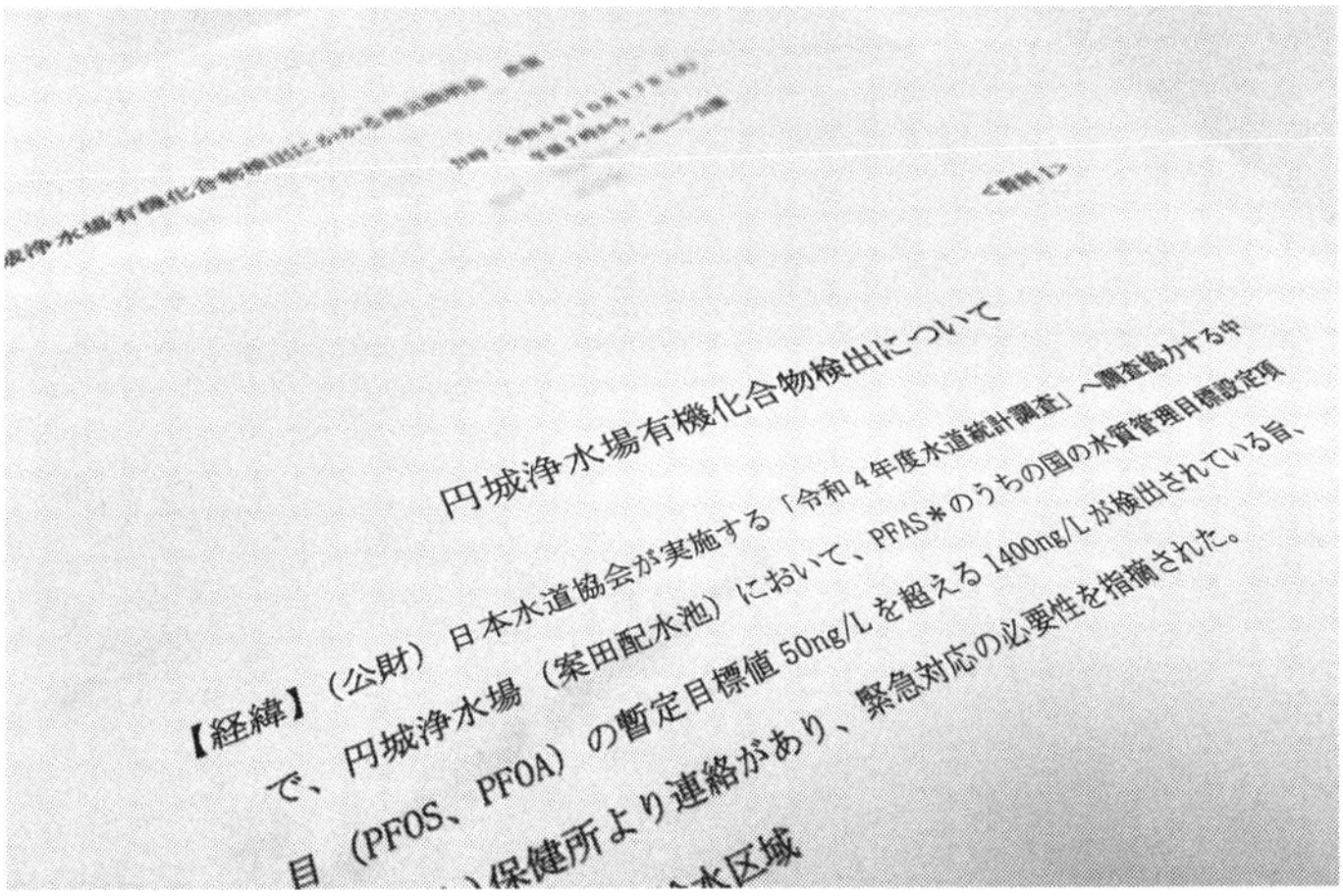
円城浄水場有機化合物検出について
【経緯】（公財）日本水道協会が実施する「令和４年度水道統計調査」へ調査協力する中
で、円城浄水場（案田配水池）において、PFAS＊のうちの国の水質管理目標設定項
目（PFOS、PFOA）の暫定目標値 50ng/L を超える 1400ng/L が検出されている旨、
保健所より連絡があり、緊急対応の必要性を指摘された。
吉備中央町が2023年10月17日の住民説明会で配布した資料

S問題有志の会」を結成。京都大学の研究チームに、ＰＦＯＡ曝露を調べるための血液検査を依頼した。会のメンバーやその家族を中心に27人が血液検査を受けた。その結果、27人全員から高濃度のＰＦＯＡが検出された。

環境省が公表する血中濃度の全国平均値は、２・２ナノグラム／㎖だ。これに対して、27人の平均値は１７１・２ナノグラム／㎖と78倍だ。米国政府が採用する臨床ガイダンスでは、20ナノグラム／㎖を超えた場合は措置が必要とされている。全員がその値を上回っていた。

上原京子の家族からは、自分と夫、２歳の息子が検査を受けた。京子が一番心配していたのは、息子の健康だ。生まれてからずっと、水道水で育ててきた。水道水の飲用禁止を知ったその瞬間も、水道水で作ったカレーライスを食べさせていた。

京子は京都大学の研究チームからの封書を開き、紙を取り出した。自身の値は、97・７ナノグラム／㎖。夫は、76・１ナノグラム／㎖。予想はしていたが、これほど高いとは思っていなかった。だが、息子の値を見てさらに驚いた。１５１・９ナノグラム／㎖だった。国平均70倍で、健康リスクに関する米国の指針値も大きく上回っている。京子や夫よりも高い値に、京子は紙を持つ手が震えた。すぐに、いろいろなことが頭の中をめぐった。息子を産んでからは、3時間おきの母乳で育てた。当時も、京子は毎日のように水道水を飲んでいた。日々の離乳食は手作り。今もお菓子はあまり与えず、代わりにお茶や味噌汁を飲ませている。すべて、水道水で作ったものだ。京子は自分を責めた。

「息子のためにと思ってやってきたことが、かえって大量のＰＦＯＡの摂取につながってしまったんだ」

一体なぜ、飲用禁止令が出るほど高濃度のＰＦＯＡが水道水から検出されたのか。吉備中央町には、ＰＦＯＡを製造したり、ＰＦＯＡ含有製品を作ったりする企業は存在しない。

原因は、町外から持ち込まれた「活性炭」だった。

活性炭はしばしば水中のＰＦＯＡ除去に使用される。水中でＰＦＯＡを吸収するため、浄水場やＰＦＯＡを扱う工場などで重宝されている。ＰＦＯＡを吸収した活性炭は、廃棄物になったり、高温処理した上でリサイクルされたりする。だが、廃棄にはコストがかかる。ＰＦＯＡは「フォーエバー・ケミカル（永遠の化学物質）」と呼ばれるほど分解されにくい物質だ。完全に分解させるには１１００度以上の超高温で燃やさなければならないが、超高温の焼却施設は日本には数えるほどしかない。行政が運営する浄水場でも、使用済み活性炭は廃棄に回さず、基本的にはリサイクルされている。

吉備中央町には、活性炭リサイクル企業があった。その企業が、町外から持ち込んだＰＦＯＡを含んだ活性炭を、水道水の原水となる川の上流地点に置いていた。風雨に晒されて活性炭からＰＦＯＡが溶け出し、土中に浸透した結果、水源に繋がる川を汚染したのだ。

令和の「公害温存システム」を追う

ＰＦＯＡは、発がん性や幼い子どもの発達神経への影響など、人体にさまざまな影響を与える毒性物質だ。そうした影響は、米国ではすでに大規模な疫学研究で実証され、ＷＨＯなどの国際機関も認めている。日本でも、ＰＦＯＡは２０２１年に製造・輸入が法律で禁止された。しかし、法律で禁止されて3年が経った２０２４年も、毎週のように、全国各地で新たなＰＦＯＡ汚染が発覚したというニュースが流れる。

毒性物質の後始末ができていないからだ。「フォーエバー・ケミカル」と呼ばれるほど残留性が高いから、放っておけば解決する問題ではない。

汚染場所は、ＰＦＯＡ製造工場があった地域はもちろん、吉備中央町のように「ＰＦＯＡの捨て場」になった土地も含まれる。捨て場に関しては、どこに存在するのかがほとんど判明していない。あなたの住むまちかもしれない。水や空気、食べ物を通して体内にＰＦＯＡを取り込んでいるかもしれない。一体どう、ＰＦＯＡの後始末をするのか。一体誰が、汚染の責任を取るのか。

本書では、昭和の凄惨な化学物質公害の歴史をなぞるように起きる、令和の公害を追う。この国に存在する、「公害温存システム」を紐解く。

第1章　ダイキン城下町

ダイキン工業淀川製作所近くの用水路＝2021年11月16日、荒川智祐撮影

Tansa編集会議で

２０２１年５月、私が所属する報道機関「Ｔａｎｓａ」で週に一度開かれる編集会議でのことだ。Ｔａｎｓａ編集長の渡辺周が言った。

「全国各地で、『ピーファス汚染』というのが起きているらしい」

初めて耳にする言葉だった。「ピーファス？」という私に渡辺は、１冊の本を手渡した。岩波書店が発行するブックレット『永遠の化学物質 水のＰＦＡＳ汚染』（２０２０年８月４日発行、ジョン・ミッチェル著、小泉昭夫著、島袋夏子著）だった。パラパラとめくると、水道水や地下水が、「ＰＦＡＳ（ピーファス）」という毒性物質に汚染され、地域住民が被害に遭っているという。

「水の汚染は、何十万、何百万人に被害が出てしまうのでは？」。喫緊の問題に感じるが、初めて耳にする問題で、報道の手が十分に届いていないと感じた。「やります」と手を挙げ、取材に着手した。

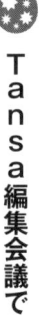

ぽっかり空いた〝報道の穴〟

まずは『永遠の化学物質 水のPFAS汚染』を読んだ。

「PFAS」とは、「有機フッ素化合物」の総称であった。化学物質を組み合わせて作られた人工物質で、数千から1万種類も地球上に存在するという。「フッ素」と聞いて私の頭に浮かんだのは歯磨き粉だったが、歯磨き粉に含まれるフッ素は「無機フッ素化合物」で、PFASとは別物だと知った。

数あるPFASの中で、特に毒性の高い物質として、主に2つの物質の名が挙がっていた。「PFOS（ピーフォス）」と「PFOA（ピーフォア）」だ。この2つはよく似た物質で、どちらも水や油をよく弾く特性を持つ。PFOSは主に、水では消火できない石油系の火災に使用される、泡消火剤の原料となる。軍事基地や空港で多用されている。PFOAは、フッ素加工の「焦げ付かないフライパン」や防水スプレーなど、私たちの身近な製品に長年使われてきた。

書籍では、2020年に環境省がPFOSとPFOAの全国一斉調査をしたと書かれていた。河川や地下水などの水環境を都道府県が調べ、その結果を環境省が取りまとめたという。私は環境省が公表する調査結果を調べた。環境省が定める目標値（50ナノグラム／L）を超過した地点が全国１７１箇所あり、ＰＦＯＳは特に沖縄や東京で高濃度が検出されていた。原因は米軍基地からの漏出で、すでに報道各社が報じていた。

ところが、ＰＦＯＡに関する報道は見当たらなかった。

私は不思議に思った。なぜなら、ＰＦＯＡの濃度の方がＰＦＯＳよりも高濃度だったからだ。最も高濃度のＰＦＯＡを検出したのは、大阪府摂津市だった。１リットルあたり１８１２ナノグラムで、環境省が示す目標値の36倍に上る。二番目に高濃度だったのは、東京都調布市の４０３ナノグラム／Ｌで、摂津市の値は桁外れだった。

大阪府摂津市での高濃度の理由は、少し調べれば明らかだった。摂津市には、ダイキン工業淀川製作所がある。淀川製作所は、ＰＦＯＡ製造工場だ。

なぜ、大手メディアはＰＦＯＳ汚染は報じても、ＰＦＯＡ汚染は報じないのか。きっと、摂津市の住民は怒っているに違いない。私は現地へ足を運ぶことにした。

口をつぐむ住民たち

摂津を訪ねるにあたり、私は書籍の著者の一人である京都大学名誉教授の小泉昭夫に連絡を取った。

小泉は兵庫県尼崎市出身。東北大学医学部を卒業後に米国へ留学し、帰国してからは秋田大学医学部で衛生学を研究した。１９９４年には、硫酸製造工場での高熱を伴う「製錬所病」の原因が、水銀中毒であることを解明。英国の有力医学専門誌『ランセット』に論文を投稿した。労働安全衛生法の改正にまでつなげた。

その小泉が２０００年、秋田大学から、日本初の公衆衛生大学院を作った京都大学に教授として転出した時のことだ。世界で最も権威のある学術誌の一つ『サイエンス』が、１９８１年掲載のＰＦＯＡとＰＦＯＳに関する論文に問題があったと公表した。

論文では、ＰＦＯＡとＰＦＯＳは天然由来のものであると結論づけていた。しかしその結果は、問題のある測定方法に基づいていた。サイエンスの公表を目にした小泉は直感した。

「製錬所病の時と同じだと感じました。『問題ない』と結論づけている調査結果があれば、人々も安全神話のように信じる。だが、きちんと測定してみなければわからない。日本でもＰＦＯＡとＰＦＯＳを調査すべきだと思いました」

小泉の研究チームは２００２年、ＰＦＯＡを含む有機フッ素化合物の調査に本格的に乗り出した。

小泉なら摂津の住民を知っているかもしれない。

予想は当たった。私は小泉から紹介してもらい、淀川製作所が位置する摂津市一津屋《ひとつや》地区の住民たちに会いに行った。

ところが、住民たちの様子は、私の予想とはかけ離れていた。

まず、PFOA汚染の事実を知っている住民があまりに少なかった。私は、印刷し持参した環境省のデータを見せて説明した。だが、誰も怒りを見せない。それどころか、ダイキンを庇った。

「汚染が起きとるみたいやけど、ダイキンさんにはお世話になっとるからなあ……」

「お隣の息子さんも、ダイキンで勤めてはんねん。ここらの人間は皆、何かしらダイキンさんと関わりあるから、汚染って言われても責められへんわ」

「ダイキンのことを批判するなら、取材には協力できへんで」

長閑な農村にやってきた軍需工場

摂津市の淀川製作所周辺は、淀川の本流や支流の神崎川、安威川《あいがわ》に囲まれている。湿地だった土地に、かつては田畑が広がっていた。住民のほとんどが農家で、米や野菜を育てて生計を立てた。淀川水系から田畑に水を引くため、大小様々な水路が碁盤の目のように張りめぐらされた。

長閑な農村に、ダイキンの前身である大阪金属工業の淀川製作所が建設されたのは1941年のことだ。敷地は甲子園球場の約17個分にあたる66万平方メートルあった。

当時は戦争の真っ只中。淀川製作所は軍需工場としてスタートを切った。海軍艦政本部長から航空機や食糧庫の冷却装置に欠かせないフロンの製造を命ぜられた。1942年7月には海軍艦政本部が管理する化学工場が敷地内に設けられた。淀川製作所は砲弾や爆撃機の部品を製造する大工場になっていく。

戦時中に、フッ素化合物の一種であるフロンを扱う化学工場として発展したことが、戦後のPFOA開発へと繋がる。

原爆からフライパンまで

ダイキンの工場が摂津市にできた3年前の1938年、米国でPFOAが発見される。米国の化学メーカー「デュポン」の従業員が、たまたまPFOAを発見した。

水や油をよく弾くうえ、熱に強く、なかなか壊れない。PFOAは、あらゆる製品の加工や原材料の一つとして重宝された。戦時中は、原子爆弾の製造でも使われた。

1950年代以降は、PFOA製品が一般家庭に広まる。デュポンはPFOAを「テフロン加工」に用いて、「焦げ付かないフライパン」を開発。世界中で大ヒットする。ＰＦＯＡは他にも、炊飯器の内釜、防水スプレー、はっ水性の衣服、ハンバーガーの包み紙やケーキのフィルムなど、身近な製品として市中に出回った。

世界各国の化学メーカーは、ＰＦＯＡを「ドル箱を生む化学物質」と称し、製造開発に躍起になった。

ダイキンも例外ではない。淀川製作所では、１９４０年代からフッ素化合物の開発に力を入れた。『ダイキン工業70年史』では、ＰＦＯＡをはじめとする戦後のフッ素樹脂の開発の経緯について、次のように記述している（丸カッコ内は筆者の補足）。

「先発の米国デュポン社に追いつき追い越せが大きな目標になったのはいうまでもないが、淀川製作所の岡村一夫常務取締役所長がフッ素樹脂進出に踏み切った背景には、〝ダイフロンガス〟をベースに、フッ素化学そのものの総合化を図ろうという構想があった」

「フッ素樹脂の開発は（昭和）26年10月、〝テフロン〟（デュポン社の登録商標）と呼ばれる１枚

フッ素加工のフライパン

の名刺半分大の白いシートから始まった」

「『化学事業をフッ素化学中心に展開する』という方針を決めた岡村所長は、（昭和）27年1月、舟阪渡京都大学教授を顧問に、19人のスタッフで『弗素化学研究委員会』をスタートさせた」

デュポンがPFOAの製造で莫大な利益をあげる様を横目で見ながらダイキンは、「先発のデュポン社に追いつけ追い越せ」でPFOAを製造。ダイキンはPFOAの国内3大メーカーに、世界でも8大メーカーにまで成長した。

PFOAの世界8大メーカーを抱えた摂津市は、潤った。淀川製作所は多くの雇用を生んだうえ、税収も入る。摂津市は、国から地方交付税を受け取らない年もあるほどだった。

「モーモー」と2回鳴いてバタン

摂津市民はダイキン淀川製作所のおかげで潤う反面、代償も引き受けなければならなかった。公害問題がたびたび起きていたのだ。

1953年、西野忠義は、淀川製作所から1キロにある大阪市東淀川区の農家の子どもだった。あたり一帯は田畑で、100軒ほどの農家があった。西野の日課は、農耕用に飼っていた牛の世話だ。西野は牛のことが「大好き」。農耕作業がない日は小学校へ行く前に、近くの河川敷へ連れて行った。10メートルほどのロープにつないで淀川の水を飲ませたり、草を食べさせたりした。学校が終わると牛を迎えに行き、牛舎まで連れて帰った。

10月、西野が近所を歩いていると、牛の鳴き声が聞こえた。声の方を見ると、農耕作業をしていた他の農家の牛が倒れている。牛の近くにいた人たちが近寄ると、すでに死んでいた。

牛の突然死は、2、3年にわたって続いた。病気をもっていたり、暴れたりする前触れはない。東淀川区で36頭、摂津市で11頭が死んだ。西野が世話をしていた牛も犠牲になった。新たに仔牛を1頭飼ったが、その仔牛も同じように死んだ。

「モーモーって2回鳴いたら、バタンと倒れて死ぬねん。みんな同じ死に方やった」

地区では、人も死んでしまうのではないかという

当時の新聞記事＝ダイキン工業淀川製作所が発行した『本館解体にあたって〜72年の歩み そして 新たな未来〜』より

不安が広がった。子どもから大人まで地元の公民館に集められ、行政による一斉の検査が行われた。西野も採血や便の検査をしたが、異常は見つからなかった。

大阪府や大阪市も動き出した。大阪府農林部畜産課や大阪市立衛生研究所衛生化学部など19の機関による調査が進められた。その結果、死因はダイキン淀川製作所から流出したフッ素化合物による心臓障害であると調査チームは考えた。淀川製作所のフッ素化合物を含んだ汚染水が、川や灌漑用水に流れこみ、それを牛が飲んでしまったのだ。

農家たちは、農作業に必要な牛が死んで困り果てた。そこへある日、ダイキンから耕運機が届けられた。西野の住む地区には5つの自治会があった。それぞれ1台ずつ、全部で5台の耕運機を無償でダイキンがくれた。牛がしていた作業の穴を、耕運機が埋めた。

だが牛が大好きだった西野は納得がいかない。ダイキンは、牛が死んだ理由も耕運機を配る理由も説明しなかったからだ。西野は言う。「あの時農家は、耕運機でごまかされてもうた」。

公害企業「ダイキン」

ダイキンによる公害の被害を受けたのは、牛だけにとどまらなかった。

大野明（仮名）は、淀川製作所近くの摂津市別府《べふ》地区で生まれ育った。小学生だった1960

年代は、自宅から摂津市立味生《あじふ》小学校までの通学路に遊び場がいっぱいあった。田んぼに手を突っ込んでオタマジャクシをとったり、畑のトマトをこっそりかじったりした。

ある日の学校帰り、近所の用水路に捨てられたビンを拾って友人たちと遊んでいた時のことだ。足首の高さまで水につかった。そこへ、いきなり大人の男性の怒鳴り声が聞こえた。

「水路で遊んだら足が腐ってまうぞ、そこから上がれ！」

声の方を見ると、用水路の上に農業を営む友人の父親が立っている。大野と友人たちは急いで水路から上がって靴下を履いた。なぜ怒られたのか、心当たりはあった。用水路に死んだ魚がたくさん浮いているのを見たことがあるし、地区の大人たちはこんな噂をしていた。

「ダイキンの淀川製作所の敷地内に、工場で出た化学物質を捨てている『池』と呼ばれる場所がある。その池からの排水が近くの水路に流れ出てるんや」

大野にはその「池」が一体何なのか見当がつかない。そもそも目と鼻の先にある淀川製作所が何をしているところなのかも分からない。不安だけが募った。

だが、公害対策の杜撰さはダイキン自身が認めていた。

工場の稼働当初から、工場排水は外部に排出し農家が使う用水路に流れ込んでいた。ダイキン自身が『70年史』でこう綴っている。

「工場創設当初から、工場排水は地域排水と合流し、外部の神安《しんあん》用水路へ流出していた」

少年だった大野のことを「足が腐るぞ、用水路から上がれ」と農家の大人が叱ったのには、根拠があったのだ。

工場排水だけではない。1955年6月29日には工場からフッ素ガスが漏れ出す事故が起きた。地域の田んぼの稲が枯れて、黄色く変色した。

1955年6月30日付の毎日新聞は以下のように書いている（丸カッコ内は筆者の補足）。

「三島郡味生村、大阪金属淀川工場付近の約8町歩（8万平方メートル、甲子園球場約2個分）にわたる稲田が二十九日バタバタと黄色に変色、枯れているので耕作者が騒ぎ出している旨同村役場から三島地方事務所に報告があった。地方事務所では所長、経済課長らが現場視察を行ったところ大阪金属淀川工場から排出された無水フッ素ガスによるらしいので善処を要望した」

「会社側では製作過程によるものではなくパイプが破損したのと機械の故障によるものだと認めたので、早急に修理を行い被害の再発を防ぐよう警告した」

ガスの漏出事故はその後も起きる。

1963年5月には農作物が被害を受け、その年の11月に農家が抗議のため淀川製作所に押し寄せた。

相次ぐ公害を受け、1971年には社内に「公害防止対策委員会」を設置する。しかし改善するどころか、公害は止まらなかった。

1973年6月には、摂津市だけではなく隣の大阪市東淀川区までガスが到達。340世帯が避難した。農家が育てた野菜は焼け焦げる被害を受けた。

ダイキンのカリスマが始めた「地域懐柔策」

淀川製作所の周辺住民に対応するため、ダイキンは1973年8月に「地域社会課」を設ける。

ダイキンの『70年史』では地域社会課について「地域に対応する専門組織は各企業に先駆けるもの」と紹介し、発足の理由をこう記述している。

「事故があって初めて対応するという〝受け身姿勢〟を反省、地域社会に積極的に対応していくことの必要性を痛感した」

この課の責任者に就いたのは、淀川製作所の副所長だった井上礼之だ。その後1994年に社長に就任。のちに会長に上り詰め、2024年6月までの約30年間、ダイキンの中枢にいた人物だ。

ダイキンの「地域懐柔策」は、功を奏す。

樋口優子（仮名）は1970年代後半に、家族とともに摂津市に越してきた。淀川製作所までは歩いて10分ほどの距離だ。

毎年夏休みになると、福引券や飲み物券が付いたダイキンの封筒が自宅のポストに届く。中身は、8月の最終週に開かれる盆踊り大会のチラシだ。娘たちが楽しみにするので、何回か参加したことがある。会場ではグラウンドを囲むように屋台が並び、真ん中には大きな櫓《やぐら》が組まれる。赤い提灯の下、たくさんの人で賑わった。

祭りの目玉は福引だ。1等賞はダイキン製のエアコン。樋口親子は当たったことがないが、近所の人がこんな噂を教えてくれた。

「福引券はダイキンの社員や取引先にも配られるけど、1等のエアコンは地域住民に当たるように仕組まれてるんやで。ダイキンの『ご機嫌取り』らしいで」

盆踊り大会をダイキンが初めて開催したのは、1971年8月のことだ。当初は6000人だった参加者は年を追うごとに増え、2万人を超えるまでになった。淀川製作所の周辺住民やダイキン職員らはもちろん、代々の摂津市長や大阪府知事も足を運んだ。

摂津市で暮らすうちに、樋口は近所の人から聞いた「ダイキンのご機嫌取り」が、盆踊り大会だけではないことが分かる。

ある日、自治会からバスツアーの案内が届いた。年に一度ダイキンが主催する日帰りツアーで、参加費は2000~3000円。淀川製作所周辺地域の自治会に入っていれば1家族1人

盆踊り大会の様子=2023年8月25日、筆者撮影

まで参加できる。毎年200~300人が参加しており、盆踊りと並ぶ地域の一大イベントだ。樋口は気軽な気持ちで参加した。淀川製作所内を見学した後は、バスで伊勢神宮などの観光地めぐり。バスの中でも缶ビールなどが飲み放題で、昼食には豪華なお膳と酒が振る舞われた。

夕方、淀川製作所へ戻ってくると手土産が入った紙袋を渡され解散した。樋口の夫の一也(仮名)はツアーには参加したことがないが、地域住民の受け止めについてこう言う。

「この辺では、バスツアーのことを『接待』って呼んでる人もいますよ。いろんな被害の罪滅ぼししちゃいますか」

摂津市にとっても、ダイキンは大切な存在だった。固定資産税など多額の税金を長年にわたって納めてきた。摂津市は財政が安定しており、地方交付税をもらわない年もあるほどだ。

税収だけではない。淀川製作所は設立当初から市内の雇用を支えてきた。正社員やパートタイマーなどの働き口を用意し、関連会社や取引先もたくさん抱えている。家族全員が何かしらダイキンと関わりのある会社で働く家も少なくなかった。まさに、「ダイキン城下町」が広がっていた。

かつて摂津市内の郵便局長として働いていた北山健史（仮名）はこう振り返る。

「昔、ダイキンさんからは毎月100万円ほどの取引があってね。毎月ですよ、毎月。ありがたかったですわ」

摂津市職員の一人もこう言う。

「摂津市は、市民からの税収はさほど多くないですが、企業からの税収が多く財源が安定しています。摂津からダイキンが出て行くと困るのは市役所です。職員が盆踊り大会へ行くのも、付き合いですよ」

住民は盆踊りとバスツアーで接待し、市の財政も潤すダイキン。だがそれだけではない。摂津市には、ダイキンの社員として籍を置いたまま活動を続ける9期目の市議会議員がいる。三好義治だ。淀川製作所がその歩みを記録するために発行した記念誌には「三好君は普通のサラリーマン」と、三好が1989年に初当選した時のことを紹介している。

ダイキンは周到な「地域対策」をしながら、ＰＦＯＡ製造を続けた。

ＰＦＯＡの汚染が地域一帯に広がる今、三好はダイキンと住民との間に立ってどちらのために議員活動をしているのだろうか。三好を取材した。

――ＰＦＯＡ汚染に関して、何をしているのか。

「僕に市民から問い合わせがあったら、ダイキン工業に連絡してダイキンから行ってもらうというスタンスを持ってますけど、直接僕に問い合わせというのはきてないですわ」

――市民から問い合わせがなかったら動かないということか。

「市民から問い合わせがないのに、何をどうやって動いたらいいんですか」

――摂津市がダイキンに対して対策を求めるよう、市議として摂津市の執行部に話をしているのか。

「なんで、する必要があるんですか」

第2章 暗雲

ダイキン工業淀川製作所＝2021年11月15日、荒川智祐撮影

「テフロン熱」

ＰＦＯＡ製造の土台を揺るがす事態が起きる。震源地は米国だった。２０００年6月、米国の環境保護庁（ＥＰＡ）がＰＦＯＡの人体への影響を懸念し調査の必要性があると公表した。

2年後には、ＰＦＯＡ製造でデュポンとともに世界の先頭を走っていた「３Ｍ」が、ＰＦＯＡ製造をやめて市場から撤退することを表明する。３Ｍは、かつてダイキンと取引関係にあった企業だ。ダイキンは３ＭからＰＦＯＡを輸入していた。

一体、米国で何が起きていたのか。

３Ｍは１９５０年代からＰＦＯＡを製造していたが、１９６０年代からその危険性を疑っていた。同じＰＦＯＡメーカーであるデュポンと共同で動物実験を行ったのだ。

マウスやウサギの実験では、肝機能に影響が出ることが分かった。ＰＦＯＡを曝露したラットからは、低体重や目に欠損を患う子が生まれた。１９７８年にはサルにＰＦＯＡを投与する実験を行い、最高濃度を投与されたサルは1カ月以内に死亡した。

影響は動物だけに留まらなかった。デュポンのＰＦＯＡ工場では、従業員たちが原因不明の発熱を起こすようになった。皆ＰＦＯＡを扱う工程にいたことから、その症状は「テフロン熱」と呼ばれた。１９９３年にはミネソタ大学の研究者が、３Ｍの工場の従業員を調べ、ＰＦＯＡの曝露と前立腺がんとの因果関係を指摘した。

過酷な被害を受けた母子もいる。

その一例が、米国デュポンのＰＦＯＡ製造工場で働いていたスー・ベイリーと息子のバッキーだ。スーは第３子であるバッキーを妊娠中、工場でＰＦＯＡの廃棄物を扱う仕事をしていた。１９８１年に生まれたバッキーは、右目がゆがみ、鼻の穴は1つしかなかった。ＰＦＯＡの動物実験でみられていた症状と同じ、先天性欠損症だった。バッキーはその後、22歳までに40回以上の手術を受けた。８時間かけ、一度に１２０針を縫う大手術もあった。バッキーは、肋骨の軟骨を切ったり、皮膚を伸ばしたりする手術にも耐えた。今でも額には、ピンク色の手術痕が残っている。

だがＰＦＯＡメーカーは、易々と「ドル箱を生む化学物質」の製造をやめたりはしない。ＰＦＯＡによる健康影響は内部機密にし、製造を続けた。

デュポンを追い詰めた弁護士

企業がひた隠しにするＰＦＯＡの危険性を、表に引っ張り出した人物がいる。弁護士のロバート・ビロットだ。1998年、祖母の知人であるウェストヴァージニア州の牧場主ウィルバー・テナントが、ビロットのもとを訪れたのがきっかけだった。その牧場主は、デュポンの工場からの廃棄物のせいで牛が190頭死んだとビロットに訴えた。動画も撮っていて、牛がのたうち回って死んでいく姿が映っていた。

当時ビロットは、デュポンを顧客にもつ大手法律事務所に勤めていた。デュポンを弁護することはあっても、追及対象にすることはない。

だが、調べを進めるうちにその考えが変わる。テナントが言った通り、デュポンの廃棄物には毒性物質が含まれていた。毒性物質による影響は、自然や動物だけではないこともわかった。PFOA製造に従事する従業員や、水道水を飲む地域住民にも影響を与えているようだった。

しかし、原因がわからない。ビロットは地道な調査を一人で続けた。ついにその原因を突き止める。それが、PFOAだった。

原因が分かっても、デュポンへの追及は容易ではなかった。デュポンはPFOAの危険性や汚染の実態の隠蔽に走る。そのうえデュポンは、国内有数の巨大化学メーカーで、ウェストヴァージニア州においても地元を潤す存在だ。地域には「デュポン城下町」が築かれ、住民たちもデュポンへの追及を避けた。だが、徐々に風向きが変わる。勇気を持った住民たちが告発を始めたのだ。2002年、飲料水の汚染に対して数千人規模の集団訴訟が起こる。裁判は住民側に7000万ドル（約80億円）をデュポンが支払うことで2004年に和解。さらに、疫学調査の費用としてデュポンが500万ドル（約5億8000万円）を負担することも決まった。独立した立場の科学者たちによる調査会ができ、2005年に疫学調査が始まった。7年の歳月をかけ、2012年にようやく結果が出た。その結果、次の6疾患への影響が確認された。

①妊娠高血圧症ならびに妊娠高血圧腎症
②精巣がん
③腎細胞がん
④甲状腺疾患
⑤潰瘍性大腸炎
⑥高コレステロール

2015年、住民たちが健康被害を訴えデュポンを提訴する。原告の数は、3500人超。ビロットは全ての原告の代理人弁護人を務めた。何十年かかっても、全ての裁判で闘うと心に決めた。デュポンは当初、原告の住民たちと争う姿勢を見せた。ところが、最初の3件で原告側が勝訴したことを受け、デュポンは残りの裁判全てを和解にし、補償を行うことを約束した。ビロットの闘いの記録は2019年、『ダーク・ウォーターズ』として映画化された。環境活動家でもある俳優のマーク・ラファロが主人公で、ビロット役を演じている。2022年には、日本でも上映された。

私はビロットを取材した。

「私は、ウィルバー・テナントの声に耳を傾けました。彼は、ウェストヴァージニアで起きたことを世界中の人々に知ってもらい、同じ目に遭う人が出ないよう常に願っていました」

疫学調査によって、世界で初めてＰＦＯＡ製造企業の過失を証明したことについては、こう述べた。

「これは最大規模の疫学調査です。独立した科学者たちが実施し、ＰＦＯＡが６つの疾患につながることを確認したのです。企業が健康影響を否定しても、科学が真実を証明したのです」

ビロットによる証明は、国際社会をも動かした。２０１５年までに、デュポンを含む世界の主要フッ素化学メーカー８社がＰＦＯＡを全廃した。

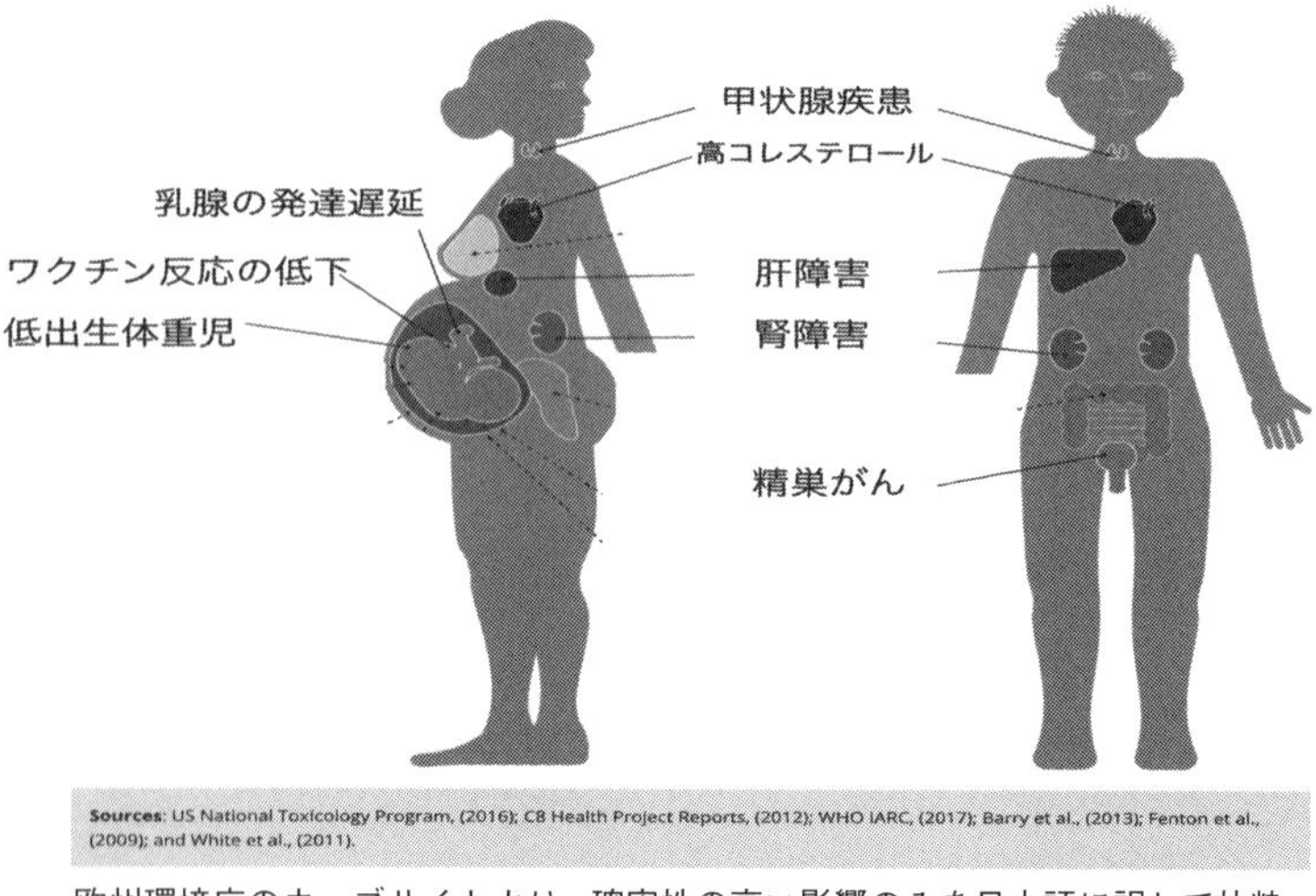

Sources: US National Toxicology Program, (2016); C8 Health Project Reports, (2012); WHO IARC, (2017); Barry et al., (2013); Fenton et al., (2009); and White et al., (2011).

欧州環境庁のウェブサイトより＝確実性の高い影響のみを日本語に訳して抜粋

２００６年に、米国環境保護庁（ＥＰＡ）が８社を名指しして全廃を呼びかけた結果だ。その後も世界でのＰＦＯＡ取り締まりは加速する。２０１９年、日本も批准する国際条約「ストックホルム条約」で、ＰＦＯＡが最も危険なカテゴリの化学物質に認定された。ストックホルム条約で議題に上がるのは、人体に悪影響を及ぼすほどの強い毒性をもつうえ、残留性が高い化学物質だ。この条約でＰＦＯＡは、甚大な健康被害をもたらした公害「カネミ油症」で知られる化学物質「ＰＣＢ」と同じカテゴリに分類され、廃絶が決まった。

日本のロバート・ビロット

米国発信でＰＦＯＡ規制の動きが加速する一方で、日本ではＰＦＯＡ公害がほとんど知られていなかった。だがこの間、ＰＦＯＡ汚染を追いかけてきた人物が、前章で触れた京都大学名誉教授の小泉昭夫だ。東北大学医学部を卒業後に米国へ留学し、帰国してからは衛生学を研究。１９９４年には、硫酸製造工場での高熱を伴う「製錬所病」の原因が水銀中毒であることを解明し、労働安全衛生法の改正につなげた。米国でのＰＦＯＡ汚染と規制の動きは把握していた。

「日本でも、ＰＦＯＡ汚染は必ず問題になる」

そう直感した小泉は２００２年、京都大学の研究チームを率いて、ＰＦＯＡを含む有機フッ素化合物の調査に本格的に乗り出した。

小泉の研究チームは当初、学生も含めた6人で動き始めた。２００４年、北海道から九州まで全国80カ所の河川のＰＦＯＡ濃度を調べた結果を公表した。全地点でＰＦＯＡを検出したものの、多くは1リットルあたり数ナノグラムだった。問題は、阪神地区だった。淀川（大阪市東淀川区）で１４０ナノグラム／Ｌ、猪名川（兵庫県尼崎市）で４５６ナノグラム／Ｌと高い。さらに小泉が驚愕したのは、淀川の支流である安威川だ。６万７０００ナノグラム～８万７０００ナノグラム／Ｌを検出したのだ。この6万７０００ナノグラムは、世界最高レベルの数値だ。環境省が現在定めている目標値は、1リットルあたり50ナノグラム。それに照らせば１３４０倍に当たる。８万７０００ナノグラムは１７４０倍だ。

一体、何が原因なのか。さらに調査を進めると、汚染源は安威川近くで稼働するダイキン工業淀川製作所であることが判明した。淀川製作所からの排水は下水処理場「安威川広域下水処理センター」（現「安威川流域下水道 中央水みらいセンター」）に流れこむ。その下水処理場から、連日1・8キログラム、年間0・5トンのＰＦＯＡが排出されていることを確認した。当時、世界中で放出されていたＰＦＯＡは年間5トン。つまり、世界の1割のＰＦＯＡが淀川製作所によって排出されていたことになる。

チーム小泉は、ヒトの血液中のＰＦＯＡ濃度も調べた。対象は兵庫県西宮市、大阪市、京都市、岐阜県高山市、仙台市など全国10カ所の２００人。
結果は、京阪神の住民に濃度が高く出た。他地域は血液1ミリリットルあたり3ナノグラムだったのに対して、次のような数値だった。

大阪市　14・5ナノグラム／mL
京都市　10・5ナノグラム／mL
西宮市　11・9ナノグラム／mL

なぜ、京阪神で高濃度のＰＦＯＡが検出されてしまうのか。理由は水道水と推定された。最も住民の血中濃度が高い大阪市の水道水には、1リットルあたり40ナノグラムのＰＦＯＡが含まれていたのだ。これは、仙台市の水道水の値の３００倍だ。大阪市は主に淀川から集水した水を使っている。一連の調査結果から、チーム小泉は次のように結論づけた。

●ＰＦＯＡが工場から排出され、下水処理場に行く
●下水処理場からＰＦＯＡを含んだ水が河川に合流する
●河川の水を使った水道水を住民が飲む
●住民がＰＦＯＡを体内に摂取する

小泉が調査結果に関し、懸念したことがもう一つあった。それは、尿中と血中とのＰＦＯＡ濃度の差についてだった。尿中のＰＦＯＡ濃度を測ると、なぜか濃度が低い。一方で、血中濃

度は高い。つまり、ＰＦＯＡは尿として排出されず、体内に残ってしまうということだ。ＰＦＯＡは分解されにくく、蓄積しやすい性質をもつ。「フォーエバー・ケミカル」（永遠の化学物質）と呼ばれる所以だ。その恐ろしさを、小泉は尿検査と血液検査の結果の違いから認識したのだ。小泉は調査結果をまとめた論文で次のように書いた。

「これだけ汚染された水を、１００万人以上が飲むと推定されている。この事実に対処しなければならない。リスク評価のために、ＰＦＯＡ製造工場の労働者や住民の調査が必要だ」

米国・デュポンでのＰＦＯＡ公害の歴史をなぞるように、日本のダイキン淀川製作所周辺でも汚染が起きている。国は違えど、同じ化学物質だ。小泉は、次に何が起こるのかを考えた。危惧したのは、母子への影響だった。ＰＦＯＡは、母親を通じて胎児にまで影響が出ると指摘されている。小泉ら京都大学チームは、ダイキン淀川製作所周辺の女性がＰＦＯＡに曝露していないか調べることにした。２００８年、淀川製作所が立地している摂津市内の女性60人の血中濃度を分析した。非汚染地域の6・5倍を超える値だった。

- ●摂津市の女性60人の平均値　17・０ナノグラム／mL
- ●非汚染地域の住民の平均値　２・６ナノグラム／mL

女性たちのＰＦＯＡ濃度が高い原因が淀川製作所にあるとして、問題は女性たちがどうやってＰＦＯＡに曝露したかだ。京都大学チームはこの頃、すでに淀川製作所周辺の河川のＰＦＯ

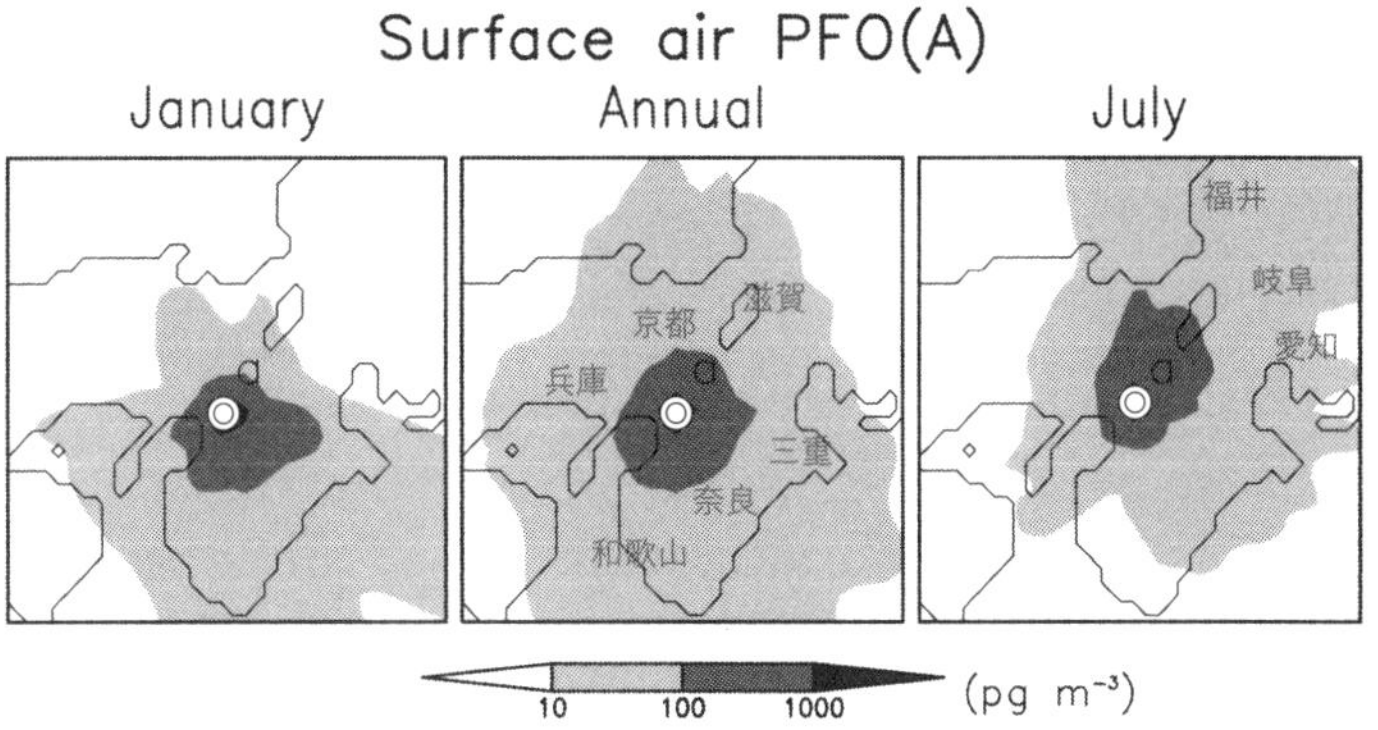

◎ダイキン工業淀川製作所

左から1月、年間、7月の大気中のPFOA濃度を表した図。1月は北風に、7月は南風に乗ってPFOAが拡散する＝京都大学の研究チームの論文『Long-term simulation of human exposure to atmospheric perfluorooc』（図中の府県名と◎は筆者が補足）

A濃度が世界最悪レベルであることは、突き止めていた。しかし、女性たちはこの河川の水は使っていなかった。京都大学チームは、「大気」に目をつけた。

製造過程で発生したＰＦＯＡがどのような割合で工場から排出されるのかは、デュポンが外部の調査機関に調べさせたことがあった。調査結果によると、内訳は次の通りだ。

水　65％

大気（粉塵や揮発性のガス）　23％

土（敷地内の土に染み込む）　12％

２００８年、京都大学チームは大気の調査に乗り出した。淀川製作所から排出されているＰＦＯＡを測ったうえで、それがどのように拡散するか、４５０キロメートル四方の大気をシミュレーションで分析した。調査範囲は、東は愛知県、西は広島県、北は石川県、南は和歌山県にまで及んだ。

調査の結果、ダイキンは淀川製作所から大気中にＰＦＯＡを排出し、季節によって風向きを変えながら一年中ＰＦＯＡを拡散していたことが判明した。女性たちのＰＦＯＡ曝露と、淀川製作所からのＰＦＯＡ排出の相関関係を突き止めた京都大学チームの論文は２０１０年、『Environmental Science & Technology』に掲載された。環境衛生分野での世界的有力誌だ。事実を突き止めた京都大学チームの気がかりは、母体と胎児への影響だった。論文では次のように警鐘を鳴らした。

「最近の疫学研究により、ＰＦＯＡは２００８年に摂津市の女性で観察された濃度よりもはるかに低い母親の血中濃度で、胎児の成長に悪影響を及ぼす可能性が示唆されている。このため、ダイキン工場の半径４・５キロメートル以内の住民を対象に、胎児および新生児の成長への悪影響を疫学的に評価する必要がある」

第3章 社外秘文書

ダイキン工業の内部文書

米国の水道水汚染で400万ドル

米国では、政府がPFOAの危険性に警鐘を鳴らし、メーカーに廃絶を求めた。ダイキンがかつてPFOAを輸入していた3Mは市場からの撤退を決めた。PFOA汚染の隠蔽を続けてきたデュポンですら、裁判で負けを認めた。

実はダイキンも、米国ではPFOA汚染に対する自社の非を認めている。

2005年、米国アラバマ州のテネシー川でPFOAが検出された。検査を実施したのは、地元の水道局だ。水道局はテネシー川の水を使い、市民に飲料水を提供していた。テネシー川の上流には、3つのPFOAメーカーが稼働していた。3M、Dyneon（3Mの子会社）、そしてダイキン・アメリカ（ダイキンの子会社、以下「ダイキン」）だ。

2013年、米国当局が動く。有害物質の曝露や健康影響を評価する「有害物質・疾病登録局（ATSDR）」が、水道水を飲んでいた住民121人の血液を分析したのだ。その結果、住民のPFOA濃度の上昇と、水道水の飲用に関連があったことが判明した。

3人の住民と水道局は2013年、ダイキンなどのPFOAメーカー3社を提訴。2018年には、原告とダイキンの間で和解が成立し、ダイキンが400万ドル（約4億4000万円）

を支払うことが決まった。支払い金は、ＰＦＯＡを飲料水から除去する費用にも充てられた。

17年前の京都大学研究室に

大阪府摂津市の淀川製作所でも、ＰＦＯＡを長年にわたって製造している以上、米国と同じことが起きている可能性が高い。ダイキンは、ＰＦＯＡ製造による従業員の健康リスクや、周辺環境へのＰＦＯＡ漏出の実態を調査していた。ダイキン淀川製作所が作成した「社外秘文書」に記録されていた。

私がダイキンの社外秘文書の存在を知ったのは、２０２２年4月のことだ。京都大学名誉教授の小泉昭夫を京都の太秦で取材していた時、小泉がふと漏らした。

「そう言えば昔、ダイキンから密告があったなあ」

小泉への取材は何度も重ねているが、初めて聞いた話だ。「密告ってなんだろう？」。私は胸騒ぎがした。

小泉は「ちょっと待ってくださいね」と言い、その場で京都大学の研究室に電話をかけた。電話の相手は、ＰＦＯＡ研究を引き継ぐ京都大学准教授の原田浩二だ。

「もしもし、小泉ですけど。昔、ダイキンから文書が届いたの覚えてます？　それ、今も残ってるかな?」

電話を切った小泉は「実は昔、ダイキンからＰＦＯＡに関する密告文書が届いていたんです」と切り出し、17年前の話を始めた。

２００5年5月17日の午後、京都大学の研究室にいた小泉のもとに、一通の封書が届いた。ダイキンのロゴが載った、淀川製作所の白いＡ４サイズの封筒だ。差出人は書かれていない。ダイキン淀川製作所近くの「吹田」の消印が押されている。中にはホチキス留めの書類がいくつか入っていた。

差出人が不明であることから、小泉は送られてきた文書を吟味し、公にすることはなかった。だが小泉の頭の片隅にはこの17年間、文書の存在がこびりついていた。文書には「社外秘」の文字が記されていたからだ。小泉は私に言った。

「Ｔａｎｓａに託します。調査報道してください。他のメディアはダイキンのＰＦＯＡ汚染を報道しないですからね」

文書は、原田の研究室で保管しているという。私はタクシーを拾い、京都大学医学部へ急いで向かった。研究室では、文書が入ったダイキンの封筒を用意して、原田が待っていてくれた。

「淀川製作所でのＰＦＯＡの製造工程から排出量まで、いろいろ書かれています。原本を持っていってください」

水環境と大気への大量放出

封筒には、全部で17枚、次の3種類の文書が入っていた。

●「業務報告書　DS101に関する調査」（2000年9月18日）＊DS101＝PFOA

●「PFOAに関するQ&A（案）淀川製作所からのPFOAの環境放出に関して」（2003年12月8日）

●「『国内河川・湾のペルフルオロオクタン酸（PFOA）分布調査と様相』についての見解（案）」（2003年12月9日）

調査担当者や書類作成者の名前はマジックペンで塗りつぶされていたが、透かせば見える。後日、淀川製作所のOBを訪ねたり、ダイキンに確認したりして、実際に淀川製作所に所属していた人物であることを確かめた。

作成時期の2000年から2003年は、米国政府が警鐘を鳴らした時期だ。PFOA製造で世界最先端を走るデュポンや3MですらPFOAの危険性を無視できなくなった。ダイキンも超然とはしていられなかったのだろう。

中身を精査すると、宝の山だった。工場敷地外へのPFOA放出量や、PFOA製造に従事する作業員のＰＦＯＡ曝露量……。ダイキンが最も隠したいはずの事柄が書かれていた。

２００２年度のＰＦＯＡ排出量としては、以下の記載があった。
●排水として摂津の下水処理場：約９トン
●除害塔より大気に放出：約３トン
ただ、この計12トンをどう評価していいかわからない。私は文書を入手してから1カ月後、再び小泉を訪れた。小泉は言った。

「これはメチャメチャ多いよー、大量です。周辺地域に影響を及ぼさないわけがありません」

「これまで、淀川製作所周辺の水環境や大気を調査してきましたが、調査で判明した高濃度汚染の合点がいきました。排出量と調査結果との整合性が取れている。ピッタリやん！」

用水路に垂れ流し

文書には、さらに驚く記述もあった。

「摂津の下水処理場へは、３年前から放出。それまでは、＊＊用水路を経て、神崎川に放流」

つまり、この文書が作成される3年前の２０００年頃までは、ＰＦＯＡを含んだ排水をそのまま地域の用水路に放出していたのである。

この用水路は、「味生《あじふ》水路」のことだ。味生水路は、ダイキン淀川製作所の西側の壁を沿うようにして流れる太い水路だ。2000年頃までは、味生水路から水を引いて米を育てたり、農作物に水やりしたりする住民が多くいた。

情報をまとめると、淀川製作所からのPFOA排水は主に次の2ルートで、摂津市内を流れる一級河川の神崎川と安威川に流れていたことになる。

●淀川製作所→味生水路→神崎川

●淀川製作所→下水処理場→安威川

摂津市民はこれらの川から水を引き、農業用水に使ってきた。

さらにダイキンは、文書の中で、大阪湾の汚染の可能性にまで言及していた。

「神崎川・安威川については当社の排水が、環境汚染源の一つである可能性はある。排水は摂津の下水処理場に送水し、そこで処理され、安威に放流されている。その為、大阪湾にも可能性がある」。

大気や排水に含まれるPFOAの量や濃度も記録されていた。例えば、PFOAを使うフッ素樹脂を作る工程で、「樹脂排水処理出口」の濃度は、2760万ナノグラム／L。現在環境省が定める指針の55万倍の値に当たる超高濃度だ。2000年以前までは、工場排水を地域住民が農業などに使用する用水路に流していたと思うと、私はゾッとした。人への影響が確実に

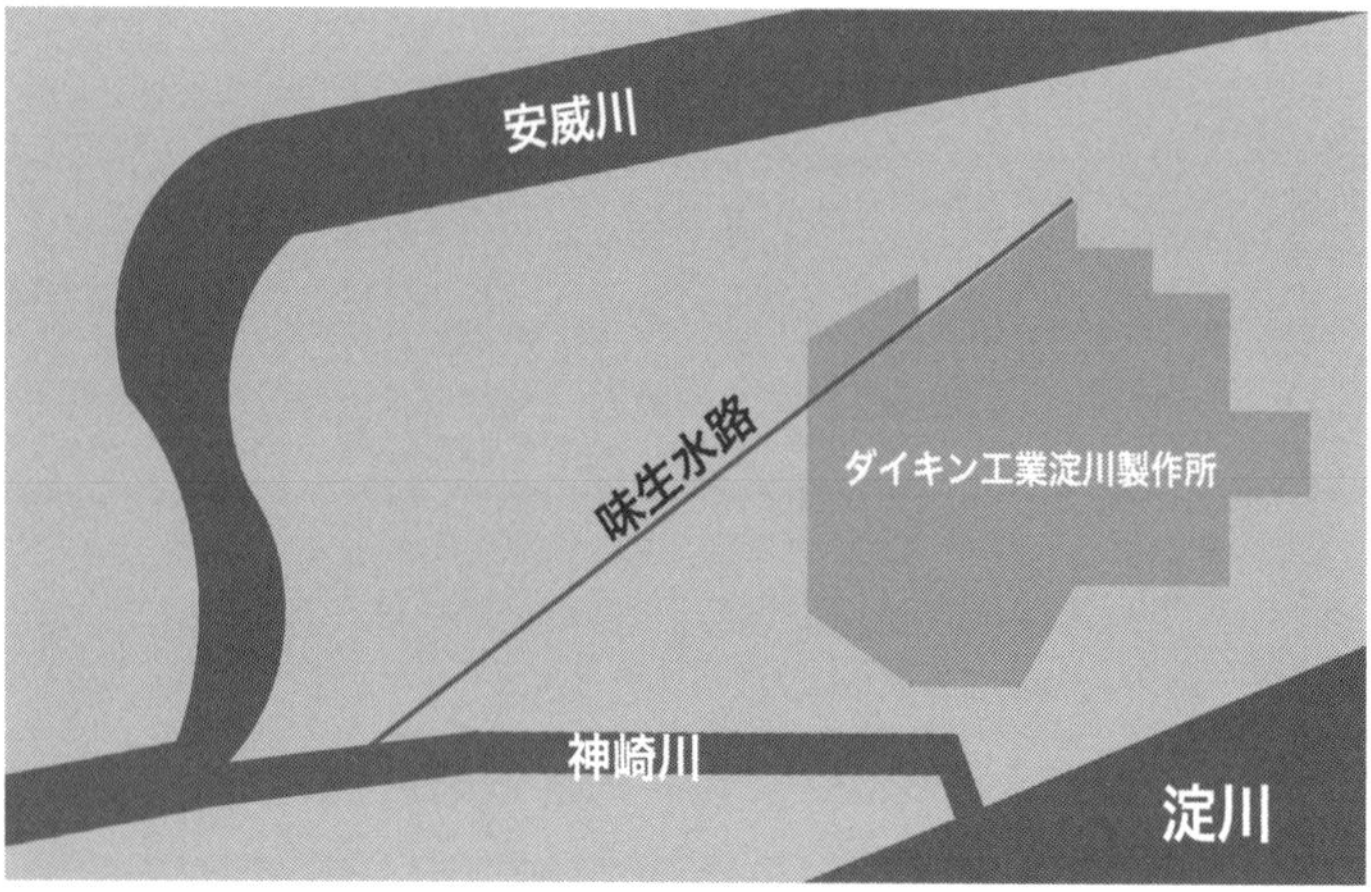

ダイキン工業淀川製作所周辺を流れる河川・用水路の概略図

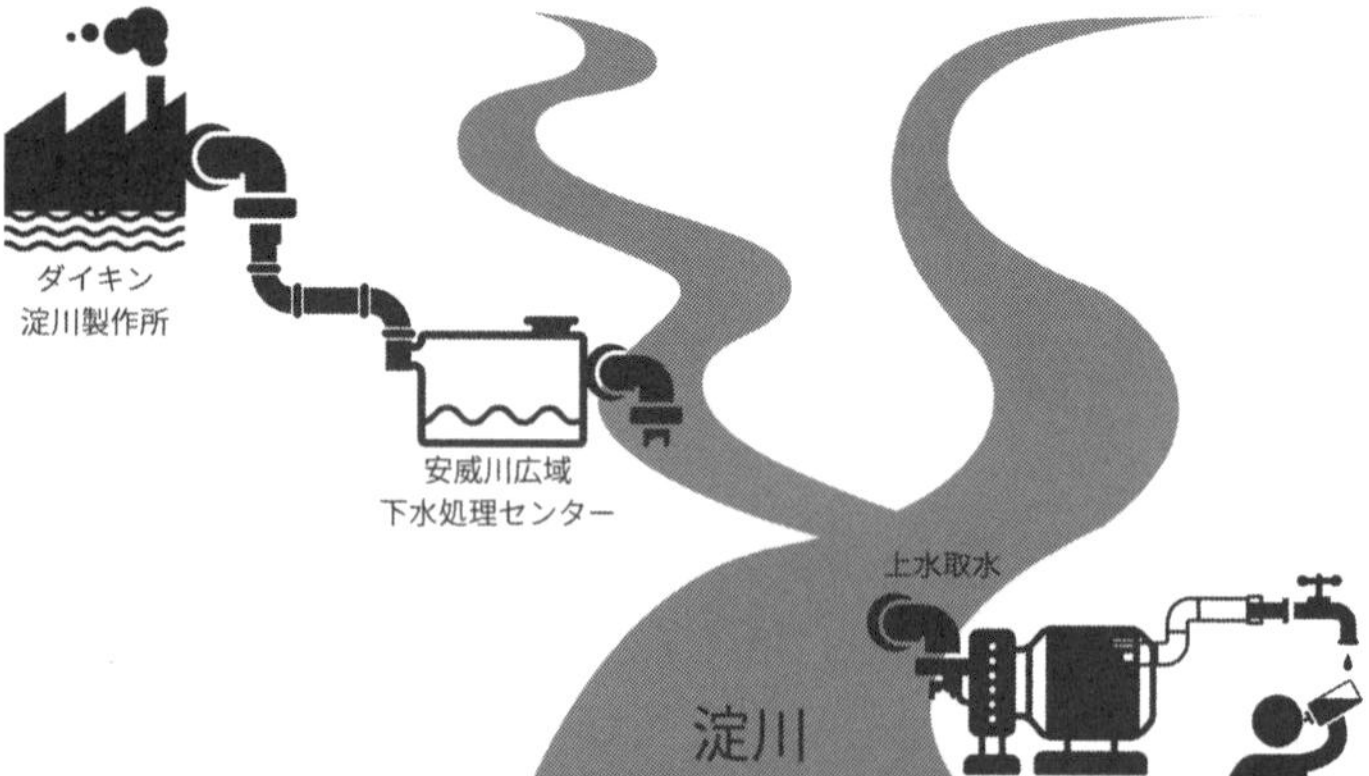

ダイキン工業淀川製作所から排水されたPFOA汚染水のルート

及んでいると感じた。

工場作業員は曝露してもいい？

ダイキンは淀川製作所外部への排出量だけではなく、工場内のＰＦＯＡ濃度についても調べていた。作業員が曝露している危険性を把握するためだ。調査の結果、ＰＦＯＡ製造工程における大気中のＰＦＯＡ濃度が高いことが分かった。ダイキン自身もこう記している。

「特に粉の状態で取り出しを行う箇所については測定濃度が高く、曝露が問題となるであろう」

しかしダイキンは、従業員にこの事実を知らせなかった。知らせないどころか、ＰＦＯＡやフッ素樹脂製造のアクセルを踏む。

その姿勢は、淀川製作所で副所長を務め１９９４年に社長に就いた井上礼之が自ら語っていた。井上は雑誌『イグザミナ』（１９９９年９月号）のインタビューを受ける。その中で、５期連続の増収増益という好調な業績について話題を振られ、次のように語った。

ダイキン工業の井上礼之元会長＝ダイキン工業の公式ウェブサイトより

「売り上げの2割に相当するフッ素化学部門が好調で、世界第2位のシェアを占め、大型投資案件を多数抱えています」

フッ素化学部門とはまさに、PFOAを製造している部門だ。

井上は2002年3月号のイグザミナでもインタビューを受けた。この時も、フッ素化学部門への意気込みを語っている。

「今のような勝ち組と負け組が容赦なく峻別される時代にあっては、特に空調事業、フッ素化学事業においては、世界でナンバーワンもしくはナンバーツーにならないと負け組に入ってしまうことになります。米国のJ・ウェルチ元GE会長が言われたストレッチ目標、つまり、一見不可能に見えるほどの高い目標を掲げてやっていくことが大切だと思っています」

第4章 言いなり行政

ダイキン・大阪府・摂津市の三者会議録

府議会で「世界一の汚染」を追及

米国では2000年代に入って、PFOA汚染に対するデュポンや3Mへの責任が、裁判や行政の動きによりクローズアップされるようになった。日本でも京都大学の小泉昭夫が2002年に全国調査を実施。ダイキン淀川製作所が排水している川からは、6万7000ナノグラム～8万7000ナノグラム／Lを検出した。これは世界最高レベルの数値で、環境省の目標値に照らせば1340倍～1740倍に当たる。

ところがダイキンは、汚染対策に乗り出さない。

2007年9月、ダイキンによるPFOA汚染が大阪府議会で追及される。質問に立ったのは、宮原威（共産）だ。

宮原はPFOA問題が気になっていた。京都大学のチーム小泉による2004年の調査では、大阪の河川で世界最悪レベルの汚染を記録した。それにもかかわらず、対策が一向に進んでいないと宮原は感じていた。大阪府では、低体重児の出生率やがんの死亡率が全国平均より高いというデータがあることが何より心配だった。

宮原は大阪府知事の太田房江に対し質問した。「PFOA濃度が最も高いのは『安威川流域下水道処理場』付近の河川水で、1リットル当たり6万7000ナノグラムという世界一」と指摘したうえで言った。

「ダイキンから排出されたPFOAによって世界一の汚染濃度になった安威川流域処理場付近の調査はこれからだということです。随分のんびりしてるなという印象があります。ダイキンにPFOA排出の状況と排出削減の取り組みを問い合わせるのもこれからだ。どうしてダイキン周辺の調査やダイキンへの問い合わせが遅くなっているのか、理解できません。説明してください」

ダイキントップが知事の後援会長

宮原が、ダイキンを名指しして太田に迫ったのには理由があった。太田の後援会組織「がんばろう会」の会長を務めていたのは、ダイキンの井上だったからだ。

がんばろう会が結成されたのは、太田が府知事選に立候補した2000年。前任の横山ノックに代わり、通産官僚だった太田に期待した関西財界の大物たちが結成した。初代会長は松下電器会長の森下洋一で、ダイキンの井上は3代目として2006年からがんばろう会の会長を務めた。

がんばろう会は、太田の政治資金を支えた。宮原が行った調査によると、太田の資金管理団体「フウちゃん後援会」に２０００年から２００６年に入った資金の内訳は以下だ。がんばろう会からの寄付が半数近くを占めている。

●21世紀大阪がんばろう会　３１００万円
●大阪府知事太田房江後援会　２８００万円
●太田知事本人　２００万
●その他　１５７万円

では、がんばろう会の収入源は何か。最も多いのが、飲食物を少なくして利益を出す「政治資金パーティー」で、収入源の４割超。２０００年から２００６年の期間で１億８１５３万円あった。ダイキンはほぼ毎年パーティー券を購入した。２００３年、２００５年、２００６年はそれぞれ法人の参加者では最多の１００万円分を買っていた。

議会の1カ月前の２００7年8月、太田は摂津市で開かれる毎年恒例の盆踊り大会にゲストとしてやって来た。なぜ、知事が地元参加者に交じって、盆踊り大会に参加するのか。

盆踊り大会の主催はダイキン。この日も会長になって5年の井上が、浴衣姿で顔をほころばせながら参加していた。井上はかつて、摂津市の淀川製作所で副所長として勤務した経験がある。この年で36回目となる盆踊り大会も、フッ素ガスの漏出など公害を繰り返していた淀川製作所の地域対策として、井上が企画した。

EPAの基準に「根拠ない」

府議会で宮原は、PFOAがもたらす健康影響を挙げながら太田に質問した。

「最新の統計では、大阪での低体重児、いわゆる2500グラム未満の子どもさんの率というのは、全国平均よりもかなり高くなっています。残念ながら、がん死亡率も一番です。妊産婦の死亡率も全国平均より高い。既にPFOAの影響というのは、実は母体や赤ちゃんに出てるのではないでしょうか」

しかし太田はこう述べた。

「近時は科学的知見が大変発達をいたしまして、有害ではないかというはてなマークのつく物質の名前はごまんとあります。そういう中で、PFOAの問題については、私ども先進的にやっているわけで、おくれていることはございません」

太田はPFOA汚染に対し大阪府が「先進的にやっている」と答弁した。これは事実なのだろうか。私は、当時大阪府がダイキンに対して講じていた措置を調べた。

2007年6月22日、大阪府がダイキンの幹部たちを聴取していた。午前10時、大阪府事業所指導課と環境保全課の職員4人がダイキンへの聴取を始める。ダイキンの出席者は6人。本社の専任役員や化学事業部の担当課長、淀川製作所の担当部長らだ。

府の聴取に対しダイキンは、米国環境保護庁（ＥＰＡ）の「スチュワードシッププログラム」について説明した。ＥＰＡが２００６年1月、ダイキンを含むＰＦＯＡの世界8大メーカーに対し、２０１５年までにＰＦＯＡを全廃するよう呼びかけたものだ。他にも、ＰＦＯＡを大量に使用する工程の排水処理などについて説明した。

質疑応答での府の質問は、「国内のフッ素樹脂メーカーがどこか」といった基礎知識に関するものが多い。事前に予習をして聴取に臨んでいるとは思えない質問だ。

府は、ＥＰＡが「これ以上は危険だ」と決めた飲料水のＰＦＯＡ基準についても聞いた。

「ＥＰＡの基準はリスク評価に基づくものか」

ダイキンが答える。

「根拠はない。それまでの（基準）では緩すぎるということだろう」

ＥＰＡのプログラムに合意しながら、健康に影響する飲料水について、ＥＰＡ基準を軽く捉えるダイキン。だが府は、それ以上質問することも突っ込むこともなかった。

聴取は2時間で終了した。

企業秘密を盾に報告拒否

1回目の聴取から5カ月後の2007年11月7日、府は再びダイキンへの聴取を実施した。前回同様、ダイキンの幹部らが応じた。

この日の重要課題の一つは、PFOAを2015年に全廃するEPAのプログラムの進捗状況だった。プログラムでは、まず2010年までに「2000年比95％削減」を目指すことになっている。府は削減基準となる2000年のPFOA排出量を尋ねた。ダイキンは次のように応じた。

「排出量についてはCBI（Confidential Business Information）として非公表。排出量が公表されると生産量が分かってしまうので、CBIとしている」

ダイキンは府に対して、「Confidential Business Information＝企業秘密」を理由に報告を拒否したのだ。排出量がわからなければ汚染の実態も摑めないはずだ。それでも府はこの時、ダイキンに排出量を報告するようそれ以上求めなかった。

府知事の太田は、2007年9月の府議会で、ダイキンへのPFOA対応が「悠長だ」と指摘された際、「先進的にやっているわけで、おくれていることはございません」と言い返した。

だが府議会の答弁から2カ月後の聴取では、ダイキンから重要な情報すら与えられていなかったのだ。だがこれでは、行政として何もやっていないのに等しい。

ダイキンの工場に対する監督権限があるのは大阪府だ。太田が当時、ダイキンに対し手を打っていれば、その後の被害を食い止められたのではないか。太田は、自身の後援会の会長を務めていた井上に忖度し、対策の手を緩めたのではないか。私は現在参議院議員（自民）を務める太田に質問状を出した。

太田は「全く関係ないと認識しております」と回答した。

府民の血中から高濃度のＰＦＯＡが検出されているにもかかわらず、府民とダイキンのどちらを向いて仕事をしているのか。この２００７年11月7日の聴取以降も、府はダイキンから排出量の報告を受けていないのか。

私は、ダイキンを聴取した大阪府環境管理室事業所指導課・化学物質対策グループで、現在主査を務める窪田剛に電話で取材した。

――府はダイキンからＰＦＯＡの排出量について報告を受けたのか。

「企業のConfidential情報なので、お答えできません」

――排出量そのものを聞いているのではない。府が排出量を把握しているのかを教えてほしい。

「それもお答えできません」

――府民の健康に関わる内容だ。情報公開法でも人の命と健康に関わる情報は、企業の利益を損なう恐れがあっても公開するよう定めている。なぜ、答えられないのか。

「汚染された水を飲んでいませんし、毒性について統一された知見が国にないので……」

秘密の三者会議発足

太田は2007年当時、「政治とカネ」の問題でメディアや野党から追及されていた。3期目の立候補を断念し、知事は2008年から橋下徹に交代した。

しかし府とダイキンの力関係は変わらなかった。

2009年8月27日、府とダイキンが面談した時のことだ。PFOA対策について意見交換する中で、府はダイキンにある提案をした。

「ダイキン淀川製作所の盆踊り大会等の機会を利用して、環境対策への取り組みを参加者に伝えてはどうか」

ダイキンが答える。

「工場見学会等の場ですでに実施している。盆踊り大会は主旨が異なるため、環境対策の話をするのは難しい」

そうであればと府が提案する。

「そのような場で、府・摂津市とダイキンさんとが共同してPFOAについての取り組みの話をするのはどうか」

だが、ダイキンは断る。

「現在のところ、地元からのPFOAについての問い合わせ等もなく、かえって不安をあおってしまうことになるのなら、もうすぐ全廃ということもあり、できるだけ触れないようにしたい」

府はそれ以上食い下がることはなかった。

行政機関であるにもかかわらず、公害企業に強く迫れない大阪府。その2カ月後の2009年10月には、新たな取り組みが始まる。ダイキン、大阪府、淀川製作所のある摂津市の三者による「神崎川水域PFOA対策連絡会議」が発足した。単なる「聴取」ではなく、「会議」を開き、行政と企業がPFOA汚染対策を進めるためだ。府からは、ダイキンを指導・監督する役割を持つ事業所指導課の職員が毎回参加した。

だがこの会議は、市民に公表されることはなかった。三者で秘密裏に執り行われた。

府のプレスリリースをダイキンが

ダイキン、大阪府、摂津市の三者会議が秘密裏に行われる中で、ダイキンは一貫して大阪府と摂津市に対して強い態度で臨んだ。

２０１２年９月12日に行われた第10回目の会議では、一線を超えた「裏工作」をしていた。府がホームページで公開する報道発表について話を移したときだ。ダイキンが１枚の紙を配布した。タイトルは「（案）大阪府ＨＰ公表見直し案」。府は報道発表資料に、水質調査の結果と、府とダイキンそれぞれがとる今後の対応を記載している。府の対応は、府が書くべきだがダイキンは、あたかも府が作成したかのような書きぶりでこう綴っていた。

「ダイキン工業株式会社淀川製作所は、これまで処理後の排水の分析頻度を上げ、処理装置の維持管理を強化するとともに、平成23年度におけるＰＦＯＡの取扱量を平成12年度と比べ99％以上削減しています。さらに、平成24年度末までにはＰＦＯＡの使用を全廃するとしております。（今後、排水中のＰＦＯＡ濃度の監視は同社に委ねますが、府は、引き続き同社の取組状況を把握するとともに、必要に応じて指導を行います。）」

実際の報道資料には、ダイキンの提案通りの文言が記載されていた。報道発表資料は、自作自演だった。

工場敷地内の濃度「公表しないで」

２０１９年５月、ＰＦＯＡはついに「ストックホルム条約」で、最も危険なランクの化学物質に認定された。ストックホルム条約で議題に上がるのは、人体に悪影響を及ぼすほどの強い毒性をもつうえ、残留性が高い化学物質だ。ＰＦＯＡは廃絶しなければならない物質に認定された。条約は日本も批准している。国内での規制が強まっていくのは明らかだった。だが三者会議の危機感は、相変わらず薄い。

２０１９年12月25日の会議は、ダイキン淀川製作所の真新しいビルで開かれた。４年前にできたばかりの棟で、「テクノロジー・イノベーションセンター」（ＴＩＣ）と呼ばれる。ダイキンから本社化学事業部の課長、淀川製作所の化学事業部長ら５人、大阪府からは環境管理室・事業所指導課の２人、摂津市からは環境政策課の担当者が参加した。

朝10時、応接室で会議が始まった。ダイキン社員は、自社で実施している水質調査の結果を報告した。

まずは淀川製作所の敷地内にある井戸水のＰＦＯＡ濃度について。以前は減少傾向にあった観測井戸の一つが、濃度が上がってきていると伝えた。ＴＩＣ棟の建設に伴い、ＰＦＯＡ濃度を下げるための「揚水処理」を停止していたことが原因だという。

さらにダイキン社員は、下水に放流する水のＰＦＯＡ濃度が下がっていなかったと報告した。府がその原因を尋ねると、ダイキン社員は言った。

「設備として残っていたり、また、設備は撤去しているが、周辺の床面や溝は取り換えていなかったりする。プラントからの雨水も含めた工程排水からだと考えている」

近くの住民からの問い合わせについても報告した。

「畑に地下水を撒いているが問題ないかとの問い合わせが1件あった。問題なしと回答した」

会議は1時間で終わった。

ダイキン社員「お宅の井戸は大丈夫ですよ」

２０２０年6月11日には、環境省がＰＦＯＡ濃度の全国調査の結果を公表した。調査は、世界中でＰＦＯＡの毒性が認められていることや、ストックホルム条約でＰＦＯＡが最高ランクの危険物質に認定されたことを受け、環境省が実施した。工場などＰＦＯＡの排出源に近い全国171箇所を調べた。

摂津市の地下水がダントツの高濃度を記録した。

その数日後、大阪・摂津市に住む吉井正人（仮名）の自宅を、作業着をまとったダイキン総務課の50代の社員2人が訪れた。環境省の全国調査に関するテレビのニュースをみた吉井が呼んだのだ。

吉井はダイキン淀川製作所から7メートルの場所に畑を持っている。祖父が戦前から耕してきた畑で、井戸水を使い農作物を育ててきた。ナスやジャガイモなど採れた野菜を日常的に食べていた。自身の体に、PFOAが入っているか心配になった。

吉井の心配をよそに、ダイキンの社員は1枚の紙をカバンから取り出して言った。

「グラフにあるように、この地域のPFOAの値は下がってきています。お宅の井戸水も大丈夫ですよ」

そう言われても吉井は信じられなかった。

「うちの畑の野菜や土、井戸水、私と家族の血液を検査してくれませんか」

だがダイキン社員は、同じ紙を指差しながら「数値が下がっていますし、個人の要望は受けられません」と断った。30分ほどで帰っていった。

それから約2週間後の30日、ダイキン、大阪府、摂津市の三者会議が開かれた。場所は、前

2020年

	採水地点	河川名・種別	ナノグラム /L
1	大阪府摂津市	地下水	1812.0
2	東京都調布市	地下水	403.0
3	沖縄県沖縄市元川橋	川崎川（天願川）	215.0
4	沖縄県宜野湾市チュンナガー	湧水	193.0
5	兵庫県神戸市玉津大橋	明石川	142.2
6	大分県大分市別保橋	乙津川	142.0
7	東京都大田区	地下水	131.6
8	千葉県市原市雷橋	平蔵川	127.0
9	兵庫県神戸市上水源取水口	明石川	102.6
10	三重県四日市市海蔵橋	海蔵川	101.0

2021年

	採水地点	河川名・種別	ナノグラム /L
1	大阪府大阪市	地下水	5500
2	大阪府大阪市	地下水	1700
3	宮城県名取市	地下水	670
4	兵庫県神戸市水道橋	伊川	190
5	大阪府摂津市	地下水	160
6	福井県越前市	地下水	150
7	沖縄県うるま市アカザンガー	湧水	130
8	奈良県川西町保田橋	飛鳥川	67
9	沖縄県中頭郡シリーガー	湧水	57
10	岡山県岡山市新日近橋	日近川	53

環境省の全国調査結果（上：2020年公表、下：2021年公表）

回と同じダイキン淀川製作所のＴＩＣ棟だ。

環境省の調査に関する住民からの問い合わせ状況を報告しあう中で、摂津市の担当者が尋ねた。

「市としては三者会議のことをどこにも伝えていない。どの程度までなら言っていいものか」

答えたのは、ダイキンの担当者だ。

「（淀川製作所の）敷地内の濃度は公表してほしくない」

市の担当者が同調する。

「汚染の原因はどこかと聞かれたら、今は『わからない』と答えている」

市の担当者は、住民から市に寄せられている問い合わせへの対応方針も伝えた。

「農業をやっている人から、畑に井戸水を散水して収穫したものを食べているが大丈夫かとの問い合わせがあった。また、農業用水に（ＰＦＯＡが）入っていないかも気にしていたので、摂津市に湧水はないので問題ないと回答する予定」

ダイキンがＰＦＯＡの汚染源であることは、これまでの三者会議での共通認識だ。前回の会議でダイキンは、下水放流水のＰＦＯＡ濃度が下がらない原因まで説明している。それでも摂津市は、ダイキンが汚染原因であることを市民に伏せた。

汚染源を「わからない」と嘘をつくのは、摂津市が市民よりもダイキンを向いて仕事をしていることに他ならない。ダイキン、大阪府、摂津市の三者が癒着して住民を欺く構図が、出来上がっていた。

第5章　置き去りの住民

地域の子どもたちが描いたダイキン工業淀川製作所の外壁＝2021年11月15日、荒川智祐撮影

非汚染地域の70倍が血液から

2020年6月、環境省がPFOA濃度の全国調査の結果を公表し、大阪府摂津市の地下水がダントツの最高濃度を記録した。

ダイキンと摂津市は、問い合わせのあった地元住民に「問題はない」と説明したが安心できない人もいた。吉井正人である。ダイキン社員が自宅にやって来て「お宅の井戸水も大丈夫ですよ」と説明され、自分と家族の血液検査を断られた人物だ。だが、社員の言葉は信じられない。「会社が決めたストーリーを伝えにきたことはすぐにわかった。それでこちらが納得するとダイキンは思ってるんやろうな」。

吉井は井戸水で畑の野菜を育て、収穫したものを家族で食べてきた。自分のことよりも、子どもや孫たちが心配だった。

吉井は、みずから検査機関を探すことにした。たどり着いたのが、京都大学名誉教授の小泉昭夫だった。

小泉は2000年代初頭からのPFOA研究で、ダイキン淀川製作所がPFOA汚染を引き起こしていることを突き止めている。論文を発表し、子どもを含む住民の大規模なPFOA曝露調査をすべきだと警鐘を鳴らしてきた。小泉に、吉井の依頼を断る理由はなかった。

２０２１年10月、吉井を含む淀川製作所周辺に住む男性９人が、血液検査を受けた。翌11月８日、小泉からメールで検査結果が届いた。恐る恐るメールを開いた吉井はショックを受けた。自身の血液から、非汚染地域の住民の38倍のＰＦＯＡが検出されたのだ。

吉井だけではなく、今回の検査を受けた９人全員から高濃度のＰＦＯＡが検出された。最も高かった住民は、非汚染地域の住民の70倍を超えた。

小泉は、曝露の原因と考えられる井戸水や畑、農作物の検査も実施していた。やはり、井戸水や土壌の濃度が高かった。

さらに、ナスやジャガイモ、ダイコンなど10種類以上の作物も測定。いずれも高濃度のＰＦＯＡが検出された。吉井の畑でとれた１４０グラムのナスと、１００グラムのサトイモを食べると、合わせて50・５ナノグラムのＰＦＯＡを摂取することが判明した。厚労省が定める、水１リットル当た

	ナノグラム /mL
摂津市住民１	190.7
摂津市住民２	140.9
摂津市住民３	103.4
摂津市住民４	81.8
摂津市住民５	79.7
摂津市住民６	32.1
摂津市住民７	18.2
摂津市住民８	17.3
摂津市住民９	9.0
非汚染地域	2.6

摂津市の男性９人の血液検査結果

りの目標値50ナノグラムを超えるレベルだ。ダイキン社員は「お宅の井戸水も大丈夫ですよ」と言ったが、とうてい口にできる濃度ではない。吉井は「どの野菜も、もう食べられませんわね」と、畑をやめることを決めた。

小泉は、これらの検査結果をこう分析する。

「食べた量に加え、田畑の場所や作物の種類によって検出量は異なりますが、この地域一帯がＰＦＯＡに汚染されているのは明らかです」

淀川製作所から45メートルの小学校で

地下水と土壌のＰＦＯＡ汚染は、淀川製作所周辺の多くの子どもの健康を脅かす。淀川製作所から45メートルの位置に摂津市立味生《あじふ》小学校があり、校庭で栽培した野菜や、近所の田んぼで稲刈りしたコメを児童が持ち帰っているからだ。

環境省の全国調査結果を、味生小の保護者たちは見過ごせなかった。

２０２１年６月７日、保護者３人は連名で市長の森山、市教育長の箸尾谷知也、味生小校長の大﨑貴子に対して「味生小学校のＰＦＯＡ汚染調査を求める要望書」を提出した。

「この間の国や大阪府の調査により、味生小学校区で全国一高い濃度の有機フッ素化合物『ＰＦＯＡ』が検出されたことがわかりました。ＰＦＯＡは発がん性などの重大な健康被害が懸念される物質です。大阪府や摂津市は『周辺の地下水は飲用利用がない』として、それ以上の調査や対策を行っていません。

しかし、味生小学校のすぐ近くの住民の所有する畑の土壌や作物からも、またその住民の血液からも、井戸水を飲用していないにも関わらず、高濃度のＰＦＯＡが検出されたとの報道がありました。私たちはたいへん衝撃を受けました。こどもたちは小学校内でつくった農作物を持って帰り、家庭で食べるということを行っているからです。

ＰＦＯＡは大人以上にこどもへの影響が強いともいわれています。私たちは親として、こどもたちが毎日通う味生小学校の汚染状況はどうなのかが大変心配です。水や農作物、畑・グランド等の土壌など全般的な味生小学校のＰＦＯＡ汚染の状況を早急に調査していただくことを強く要望します。」

保護者の要望に対し6月30日、市長の森山と市教育長の箸尾谷は文書で回答した。調査については国と大阪府に対応を任せ、摂津市独自では実施しない旨が綴られていた。

味生小の農作業体験ついては、以下の通り回答した。

「味生小学校では、学校敷地内の一部において、園芸用の土や肥料を混ぜて盛った畝《うね》、あるいはプランターで、花や野菜について学んでおります。また、水やりについては水道水を使用している状況でございます。植物の栽培につきましては、今後も教育活動として実施する方向で考えており、ＰＦＯＡにつきましては、関係部署と連携し、情報の収集に努めてまいります。」

市長の森山と教育長の箸尾谷は、保護者たちが学校のすぐ近くの畑で高濃度のＰＦＯＡが出た件も質したにもかかわらず、その点は無視した。稲刈り体験は２０２１年も10月14日、５年生56人が参加して実施された。場所は、高濃度のＰＦＯＡが検出された畑の隣だった。

味生小の児童を預かる現場の責任者、校長の大﨑はどう考えているのか。収穫したコメは、田んぼの持ち主が脱穀や精米をして学校に届けられるまで約１カ月ある。子どもたちがまだコメを持って帰っていない11月19日、私は大﨑を味生小で取材した。

——どうして保護者からのＰＦＯＡ汚染に関する調査要請を断ったのか。

「断ったという風には思っていません。要望書は市長、教育長、私宛にいただきましたが、最後の回答は教育委員会の結果としてお出しするものだと思っていますので」

——稲刈りしたコメについて、保護者にＰＦＯＡの危険性や含有の可能性を伝えるのか。

「必要があるならば、心配があるということであれば伝える」

——すでに保護者は心配し要望書まで出している。説明する必要があるのではないか。

「地主の方がどうお考えか突っ込めないところもありますので。地主の方に体験の場を設けていただいている取り組みの中では、今の状況の中で落とし所というか、みんなが納得しながらこの目的を叶えるための道筋というものを」

——第一に考えるべきは子どもたちの命や健康。地主との落とし所なんて悠長なことを言っていられないのではないか。

「各ご家庭の考えも出てくると思います。例えば、『お米は結構です』なのか『いただきます』なのか」

——その判断材料を渡す責任が学校にあるのではないか。

「説明しない可能性はできるだけ排除したいとは思っています」

——では、稲刈り体験のコメは配布するのか。

「私の今の意向としては、提供する方が可能性としては高いです。ご家庭で判断するための情報提供も加えて」

——（摂津市で全国最高値のＰＦＯＡ検出が判明していた）昨年の秋も、児童にコメを配ったのか。

「配りました」

——校長の権限で、今年収穫したコメの提供を止めることはしないのか。

「ちょっとわからない、想像がつかない。毎年継続しているものですし、あくまでも子どもたちの体験で、食育にもつながるので」

土壌汚染で答えに窮した摂津市

日本で最高濃度のＰＦＯＡ汚染を記録し、住民の高濃度曝露も判明している。児童たちの健康まで脅かされている。この事態に住民の安全を預かる摂津市はどう対応するのか。

２０２１年6月25日の定例会では、市議の増永和起（共産）が質問に立った。増永は、環境省の調査で全国最高値のＰＦＯＡが検出されたにもかかわらず、摂津市が「濃度は長期的には減少傾向にある」という見解でかわしていることを突いた。

「地下水から2万２０００ナノグラム毎リットル、水路からも５３００ナノグラム毎リットル。目標値は50ナノグラム毎リットルですよ。とんでもない高濃度です。長期的に見て濃度が減少傾向にあるなんて、悠長なことを言っていられる数字ですか」

これに対して市が出した見解は「水道水は安全だから大丈夫」だった。

しかし、それでもかわしきれない問題があった。土壌汚染だ。２０２０年7月～9月と２０２１年10月の2度にわたり、一部住民に京都大学の小泉が実施した血液検査では、ダイキン淀川製作所近くの畑の野菜を食べていた住民から高濃度のＰＦＯＡが検出されていた。増永はこの点も質す。

「水さえ飲まなければ安心なんて言えるんですか。市独自で土壌も含めた調査をすべきではないですか」

市生活環境部長の松方和彦が答弁に立つ。

「今後、国において知見等を深めていかれる状況にあると理解しております」

霞が関に頼っても

国が知見を深めていくと答弁したものの、摂津市当局に国がどこまで動くかの確証はない。市長の森山一正は、上京して環境省と厚労省に確かめることにした。

森山は1969年から摂津市議を5期、1988年から大阪府議を5期務めた後、2004年に摂津市長に当選。現在5期目だ。市長選には無所属で臨んでいるが、府議時代は自民党に所属していた。

環境省・厚労省との会合は、2021年12月7日に決まった。摂津市側は現在の市の状況と確認したい事項を事前に伝えた。
●ダイキン工業近くでの地下水調査の結果について、近隣住民が非常に不安を感じている

●市議会で、「近隣住民の血液検査で高濃度のPFOAが検出されたがどうするのか」などと質問され、非常に厳しい立場だ

●ダイキン工場近くには農地がある。土の中のPFOAの挙動を調べる研究や、除去技術はどこまで進んでいるのか

会合は12月7日午後1時から、環境省の水・大気環境局の審議官室で約40分にわたって開かれた。非公開だったが、私は議事録を入手した。参加者は次のメンバーだ。

摂津市　市長の森山一正、副市長の福渡隆

環境省　土壌環境課長の高澤哲也、水環境課・係長の高橋すみれ、他

厚労省　水道水質管理室・水道水質管理官の横井三知貴、室長補佐の十倉崇行

会合では、摂津市側が切り出した。

「地下水はPFOA値についての指針があるが、土壌と農作物についてはない。市民にどう説明していいかが率直な悩みだ」

環境省水環境課が答える。

「農作物については所管していないが、飲料水を直接摂取することと比較してリスクが高いということではない」

「農作物を食べた住民の血液検査で、高濃度のPFOAが検出されたと言われている件につ

いても、直ちに健康に影響があるとは限らないと考えるが、知見は十分ではない」「直ちに健康に影響があるとは限らない」という環境省。

それでは住民を安心させることができない。摂津市側は国側にこう求めた。

「地元自治体としては、土壌についてのＰＦＯＡ値の目安や具体的な浄化方法がない状態では、むやみに注意喚起できない。国においても深刻な状況であることを認識し、具体的な取り組みを進めてほしい」

摂津市の訴えに、環境省の水環境課が答える。

「局所的に農作物を食べ続けている人もいると思うが、広範囲の市民が高濃度のＰＦＯＡ水を飲み続けているわけではない。安心材料の一つになるのでは」

摂津市はこう返す。

「広範囲の市民に対してではなく、特に懸念されているダイキン淀川製作所周辺の住民に説明していくため、土壌や農作物についての基準を示していただきたい」

「公害として報道されて一人歩きしてしまうことを懸念している。大変なことが起こっているのに解決策がないと言われるのが辛い」

環境省の水環境課は「基準がいつできるか現時点では言えないが、知見が集まればアクションを起こす」と伝えるのに留めた。

基準を決められなくても、土壌のPFOAを除去する技術があれば住民を安心させることができるのではないか。摂津市は「吸着剤を開発していると聞いているが、議会でそのことを伝えていいか」と尋ねた。だが環境省の土壌環境課の回答はこうだった。

「開発中だが、吸着剤とまで明確に言える段階ではない」

結局、市民を安心させる材料を国から得られないまま、市長の森山は摂津に戻ることになった。

摂津市長「今のところ大丈夫やと思います」

環境省・厚労省と摂津市との会合から3日後。2021年12月10日に、私は市長の森山を市長室で取材した。PFOA汚染に向き合わない国の姿勢はもちろん悪いが、選挙で選ばれ市民の安全を預かる立場の責任を直接問いたかった。ダイキン、大阪府、摂津市が開いてきた三者会議の内容を精査した限りでは、摂津市は市民ではなくダイキンを向いて仕事をしている。主に三者会議の内容をもとに質問した。

――摂津市は市民に対し、汚染の原因はわからないと伝えている。この理由は何か。

「僕ちょっとその辺のことはわからないねん」

――汚染の原因はダイキンしかないのではないか。

「摂津市は産業都市で、市内でＰＦＯＡを使っている事業所は大小どこにあるのか分からない。でもダイキンさんは、ＰＦＯＡを使っておられたということは明確なんやから、そのことから言ったら、ダイキンじゃないかということで三者会議をやってるわけやね」

――２０２０年6月の三者会議で、市は地下水で育てた野菜を食べても問題ないと答えると言った。だが、血液から高濃度のＰＦＯＡが検出された住民は、地下水で育てた野菜を食べていた。

「その『問題ない』と言った意味はね、問題ないということじゃなくて、問題として捉える明確な基準値と言うんですか、その辺のことがわからないということを言うたんやと思うよ」

――「問題ない」と「わかっていない」は全然違う。

森山一正摂津市長＝2021年12月10日、摂津市役所にて

「我々としては明確な何かひとつの目安がほしいわけですよ。目安がない場合に、こちらの予想で言えることと言えないこともあるんですわ」

「土壌の場合ははっきり言うて、（市民に）告知していない。きちっとした数値が出てないので。今のところ大丈夫と思いますけれども」

ダイキンと摂津市の協定

市民の健康を脅かす事態に、自らの無力さをアピールして責任を逃れようとする。市長の森山一正を取材して、私はそのような印象しか受けなかった。

だが本当に摂津市長として、森山にやれることはないのだろうか。

私が環境保全協定の存在を知ったのは、２０２２年4月14日。吉井正人の自宅を訪れた時のことだ。吉井は２０２１年11月、京都大学名誉教授の小泉昭夫による血液検査で、非汚染地域の住民の、約40倍もの濃度のＰＦＯＡが検出された。ダイキン淀川製作所のすぐそばの井戸から汲んだ地下水で、畑の野菜や果物を育ててきた。採れた農作物を日常的に口にしていたことが、高濃度曝露の原因だと小泉はみている。

私はこれまで何度も吉井の自宅に通い取材を重ねてきた。この日は吉井が、モノクロ印刷の紙を差し出して言った。

「そういえば、こんなもん見つけたんです」

それが、ダイキンと摂津市との間で交わした「環境保全協定書」のコピーだった。

私が「これ、どうしたんですか？」と尋ねると、吉井は照れくさそうに言った。

「摂津市に情報公開したんです」

吉井は自身の血液から高濃度のＰＦＯＡが検出された時、「もう自分は年やから諦めますけどね、子どもや孫たちが心配です」と語った。みずから市役所へ問い合わせたり、ダイキンによる説明会に参加したり。ただ、情報公開請求までしていたとは思わなかった。子どもたちのために真実を追求する吉井の熱意に触れた思いだった。

東京へ戻った私は、吉井から受け取った協定書を読み込んだ。

協定書は、１９７７年にダイキンと摂津市が交わしたものだった。当時は、度重なる公害にダイキンが手を打ち始めていた時期だ。

例えば１９５３年、淀川製作所近くの川や用水路の水を飲んでいた農耕牛が、２～３年の間に47頭も死んだ。大阪府や大阪市など19の機関が調査し、死因は淀川製作所から流出したフッ素化合物による心臓障害と分析した。

被害は牛だけはない。１９６３年、淀川製作所からフッ素ガスが漏れ出す事故が起き、地域の農作物が被害を受けた。農家が抗議のため淀川製作所に押し寄せたほどだ。

１９７３年には、摂津市だけではなく隣の大阪市東淀川区までガスが到達。農家の野菜は焼け焦げ、３４０世帯が避難を強いられた。

ダイキンが公害対策委員会を設置したのは、その渦中の１９７０年だ。公害防止規定も定めた。

時を同じくして作られたのが、摂津市との「環境保全協定」だ。協定書は、次の前文から始まる。「将来の動向を考慮して」という文言が入っており、未来の公害も視野に入れている。

「摂津市域の大気の汚染、水質の汚濁、騒音、振動、悪臭等の現状及び将来の動向を考慮して住民の健康を保護し、良好な環境の保全を図るため、摂津市と事業者のダイキン工業株式会社は、事業者の事業場を操業するに関し、相協力して公害関係法令等の定めに従って、摂津市域の自然的・社会的条件に応じた総合的な公害防止対策を推進することを確認し、次のとおり協定する。」

前文に続いて、住民の健康と生活を守るための条文が並ぶ。私が注目したのは、第15条「被害の補償及び違反時の措置」だ。ダイキンから住民への補償を定めていた。

「第15条　事業者は、事業場の操業に起因して公害が発生し、住民の健康及び財産に被害を与えたときは、その被害の補償を誠意をもって行うものとする。」

ダイキン広報部長が明言

協定書は、ダイキンが住民にＰＦＯＡ汚染の補償をする切り札になるのではないか。

２０２２年６月７日、私とＴａｎｓａ編集長の渡辺周はダイキン本社で幹部３人を取材した。

平賀義之　執行役員　化学事業、化学環境・安全担当

小松　聡　化学事業部　企画部　環境技術・渉外専任部長

阿部　聖　コーポレートコミュニケーション室　広報グループ長・部長

取材に先立ち、私はダイキンに環境保全協定に関する質問を送っていた。ＰＦＯＡ汚染によって地下水や農地等を使用できなくなった住民に対して、協定に基づき補償するかを尋ねた。健康被害については調査が行われていないため、今は分かっていないが、財産への被害は明らかである。ＰＦＯＡ汚染が原因で地下水や農地を使用できなくなった住民がいるからだ。協定書を情報公開請求で入手した吉井もその一人だ。

ダイキンの回答は「現時点で、健康被害があると認識していないため、住民への補償は考えていません」。

しかし、これは答えになっていない。私は健康被害に対する補償ではなく、財産に被害を与えた住民に補償するかを尋ねているのだ。その点を強調して、改めてダイキンの幹部たちに尋ねた。

広報グループ部長の阿部が答えた。

「ここは摂津市との間の協定になってます。摂津市の方から、まだそういうような賠償云々の話にはなっておりませんので、我々の方として、現段階のところ賠償するというふうには考えておりません」

そうであればと、私は聞いた。

「摂津市がダイキンに要請すれば協議が始まるということですか」

阿部が明言した。

「摂津市から要請があれば、協議は始めたいと思います」

摂津市「ＰＦＯＡは協定に当てはまらない」

ダイキンは、摂津市からの要請があれば、協定書に基づき協議に応じる。住民を預かる摂津市にとってはチャンスだ。住民への補償をダイキンに迫ることができる。摂津市はどう対応するのだろうか。

私たちはダイキンを取材する6日前、２０２２年6月1日に協定書についての市の見解を取材していた。ＰＦＯＡ対策を担う生活環境部環境政策課から、２人の職員が対応した。

菰原知宏　課長

堀邊太志　計画指導係長

私はまず、環境保全協定の第5条について切り出した。「水質汚濁の防止」について次のように定めている。

「第5条　事業者は、事業場から排出する汚水について、規制基準を遵守し、農業用水に支障を及ぼさない水質とする。」

しかし、大阪府の直近の調査では、淀川製作所周辺の水環境から高濃度のＰＦＯＡが検出されている。国が定める1リットルあたり50ナノグラムの目標値に対し、用水路から１３０倍の

6500ナノグラム、地下水から400倍の2万ナノグラムだ。地域住民は、農業用水としてこれらの水を使用することができなくなった。

「まず5条なのですけれども、これ農業用水に支障を及ぼしていますよね？」

菰原は「あーはい、5条の1項に書いておりますね、はい」と言った。

ところが、こうした汚染と協定の関係については、驚くべきことを口にした。

「認識的にはPFOAはこの協定の中では当てはまらないというふうに感じております」

なぜだろう。

「その時はPFOAを想定していないので、この協定ではPFOAの規制というのは定まっていないというような認識です」

これに対して、渡辺が聞いた。

「この協定書は何か物質を特定して、それに関して支障をきたした時にダイキンと協議をするという縛りがあるということですか」

菰原は黙り込んだ。隣に座る堀邊も何も反応しない。沈黙が17秒間続いた。

菰原や堀邊では話にならない。私は、市の法務を担う総務課に確認したうえで、PFOAが協定の対象となるか否かを改めて回答するよう伝えた。翌日、菰原からメールで回答が届いた。

環境保全協定へのＰＦＯＡの適用可否について

「本市総務課は、『契約や協定は、当事者間で締結するものであり、法令でないため、ＰＦＯＡの環境保全協定への適用については、当事者間で判断するもの』との見解です。」

これでは回答になっていない。私は当事者である摂津市の判断を知りたいのだ。メールで再質問した。

菰原の回答はこうだ。

「さて、再度の問いに対して、『ＰＦＯＡは環境保全協定に適応していない。』という認識です。」

これまで摂津市はダイキンに及び腰だった。２００９年以降、大阪府を交えた三者でＰＦＯＡ汚染の対策会議を重ねてきたが、摂津市はダイキンに付き従うばかりだった。

例えば２０２０年6月30日。環境省による全国調査で、摂津市の地下水が全国ダントツのＰＦＯＡ濃度だと判明した直後の会議でのことだ。ダイキンの担当者が「淀川製作所の敷地内の濃度は公表してほしくない」と要請すると、市の担当者は「汚染の原因はどこかと聞かれたら、今は『わからない』と答えている」と応じた。

協定書に関しては、及び腰になる必要はない。ダイキンが協議に応じると言っているからだ。それにもかかわらず、摂津市はチャンスを棒に振っている。

協定書を棒に振って本当にいいのか

摂津市の環境政策課と総務課は、ダイキンと1977年に結んだ「環境保全協定」について、PFOA汚染は適用されないと明言している。しかし、この協定書を本当に棒に振っていいのか。

協定には、ダイキンが原因で市民の健康や財産を損なった場合は、ダイキンが補償をする旨が書かれていた。私がこの協定をダイキンに示したところ、広報グループ部長の阿部聖は「摂津市から要請があれば、協議は始めたい」と明言した。同席していた化学事業担当の執行役員・平賀義之と渉外専任部長・小松聡もその場で同意した。

これは、PFOAの公害問題を解決する突破口になると私は思った。ダイキンはこれまで、市内にあるダイキン淀川製作所が主な汚染源であることすら認めていなかったからだ。

私は市長の森山の意向を聞くため、編集長の渡辺とともに2022年8月29日、摂津市役所を訪れた。森山を取材するのは、今回で2度目だ。前回は2021年12月。森山は市内の汚染

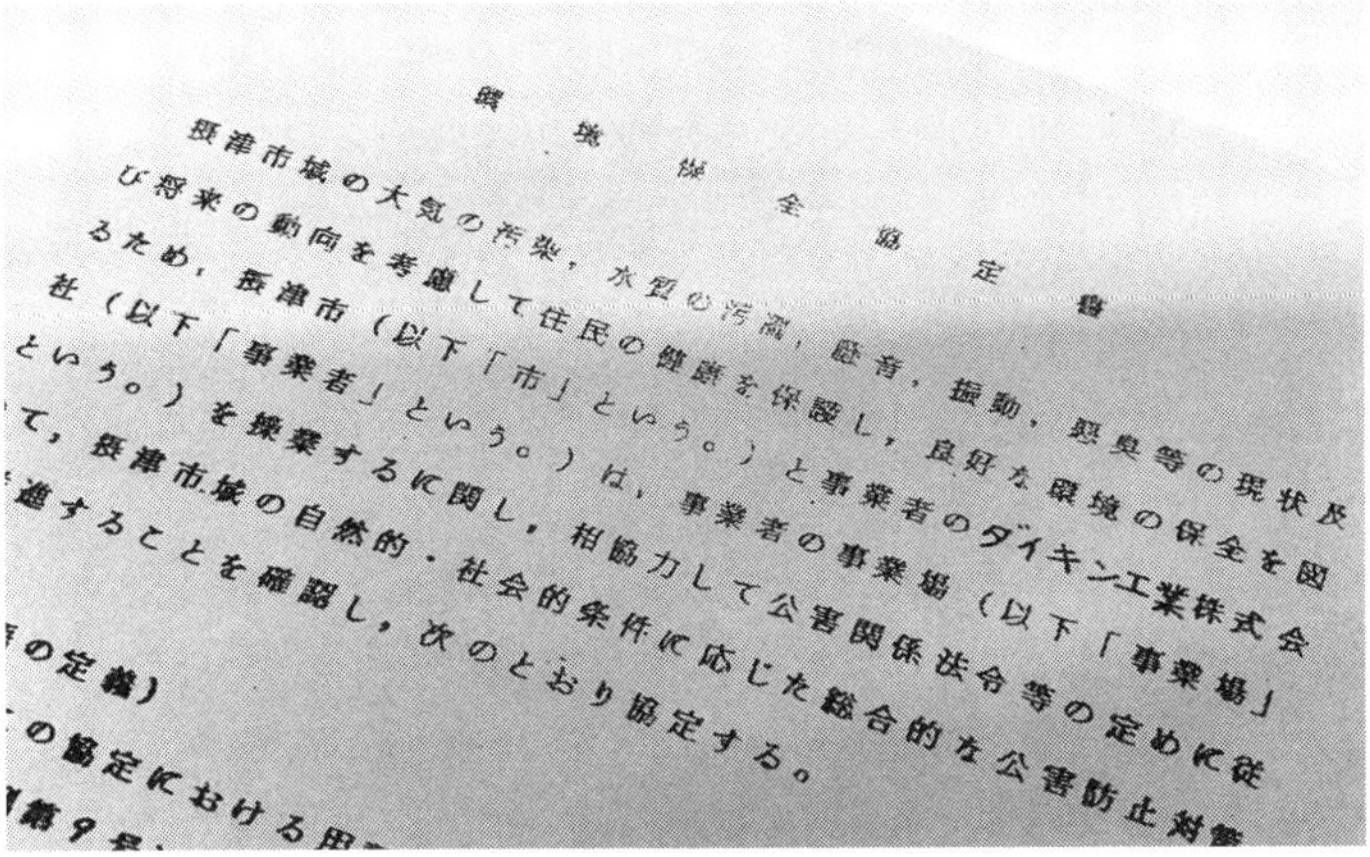

ダイキン工業と摂津市が締結している環境保全協定書

について、ダイキンだけが原因とは限らないと述べ、ダイキンの責任追及には消極的な態度を示した。

通されたのは、市長室のあるフロアの応接室だ。市長の森山を待っていると、先に職員2人が部屋に入ってきて取材に同席すると言った。森山が1人で取材に応じた前回と違い、今回は身構えているようだった。同席したのは次の2人だ。

吉田量治　生活環境部長
菰原知宏　生活環境部　環境政策課長

秘書に連れられ、森山が入ってきた。私と渡辺、森山と部長の吉田が向き合う形で座った。課長の菰原は隣の机につき、ノートを開いてメモを取り始めた。

早速、環境保全協定に基づきダイキンに協議を要請するかを尋ねた。

森山は即答した。

「今のところない」

市民の血液から高濃度ＰＦＯＡが出ても

なぜ、ダイキンに協議を申し入れないのか。森山は言った。

「国の基準がない。事業所にああしてくれ、こうしてくれと言う場合、しっかりとした根拠を持っとかないとあかん」

しかし２０２０年５月、環境省は水環境におけるＰＦＯＡの目標値を定め公表している。

水環境に係る暫定的な目標値　1リットルあたり50ナノグラム

この目標値は、体重50キログラムの人が毎日2リットル飲むと、健康被害を及ぼす値として設定された数値だ。摂津市の地下水はこの目標値の36倍を超えていて、市は地下水を飲まないように伝えている。

そこへ、部長の吉田が割って入り、環境省が定めた水環境の目標値の話から論点を変えた。

「あの、その前に、協定書15条の『事業場の操業に起因して公害が発生し』とありますが、その要件に該当しているというお考えですか」

吉田がいう協定書の15条とは、住民への補償について定めた条文だ。

「第15条　事業者は、事業場の操業に起因して公害が発生し、住民の健康及び財産に被害を与えたときは、その被害の補償を誠意をもって行うものとする。」

この15条の何に該当していないというのだろうか。吉田は言った。

「（摂津市としては）公害として認められている状況として認識してないんです」

「血液の中からこれだけの数値が出ていますよ、という話がありますよね。それと健康被害との関係が私はちょっと……」

吉田は、市民の血液から高濃度のＰＦＯＡが検出されたとしても、それが健康被害を引き起こすかは分からない、だから公害には該当しないと言っているのだ。

しかし、環境基本法では公害にあたる健康被害について、「既に発生しているもののほか、将来発生するおそれがあるものも含まれる」と定義している。今現在、摂津市民のＰＦＯＡ曝露と健康被害の因果関係が分からなくても、将来に被害が出る可能性があれば公害になる。その点を吉田に告げると、彼は言った。

「（健康被害が将来発生する）おそれがあるかどうかも、今のところわからないですよね」

これに対して渡辺は、２０１２年に米国の独立科学調査会が公表した、大規模な疫学調査の結果について説明した。デュポンのＰＦＯＡ工場の周辺住民7万人を調査した結果、ＰＦＯＡ曝露と健康被害の因果関係が証明されたのだ。

吉田が反論する。

「だから今のところ、具体的に、日本ではそういうことは認められていないのは事実です」

だが日本では摂津市民を含め、ＰＦＯＡ曝露と健康被害についての疫学調査は行われていない。被害が判明していないのは当たり前だ。

吉田はムキになっているように、私には思えた。何としても公害として認めたくないようだ。

吉田が「公害ではない」と反論している間、市長の森山は沈黙していた。撮影のために外していたマスクもいつの間にか着用している。「我関せず」という態度に、渡辺が「市長、いいんですか。（部長の吉田が）こんないい加減なこと言ってますけど」と水を向けても、特に反応しなかった。

笑う部長

吉田はその後も健康被害の可能性を認めず、逆に質問してきた。

「（将来的な健康被害の）おそれがあるんですか？」

ＰＦＯＡの健康への影響は世界の共通認識だ。その危険性から、日本も批准している国際条約「ストックホルム条約」で廃絶が定められている。２０２１年に日本でＰＦＯＡの製造・輸入が禁止されたのは、ストックホルム条約での決定を受けたものだ。

私は、ストックホルム条約を知っているか吉田に確認した。吉田は知っていると答えた。吉田の答えを受けて、渡辺がそれでも健康被害の可能性を否定するのかと改めて問うた時だった。

答えに窮したのか、吉田が笑い出したのである。

渡辺が「笑うなよ」、私が「何が面白いんですか。被害が出ている方がいますよね」と言うと、「笑ってるわけじゃなくて」と弁明した。

市長の森山はどうか。部長の吉田と同じ意見でよいのだろうか。森山はこう答えた。

「あくまでも公害に対して、我々には調査指導とかの権限がない。公害を認定できるのは都道府県や国」

だが、ここに大きな誤りがある。市の条例やダイキンとの協定に基づき市ができることはあるうえ、そもそも、公害を認定する機関など存在しない。法律に明記されている公害の定義を基に、あくまでも当事者同士が裁判や協議で被害の補償や回復について決めていくことになっている。

私たちは、その点を森山に伝えた。しかし森山は「公害の認定は国がやる」と繰り返すばかり。摂津市として、市民の側に立って動く姿勢は感じられなかった。

協定に基づきダイキンは、市から申し入れがあれば補償の協議に応じる構えだ。なぜ、森山はこのチャンスを逃すのか。

市長の森山も部長の吉田も、市民に将来的な健康被害が出るおそれはないと述べた。

しかし、2020年の環境省による全国調査で、市内の地下水が全国最高値のPFOA濃度を記録しただけではなく、2022年の大阪府の調査でも、さらに酷い汚染状況が明らかになっている。

環境省の調査では目標値の36倍だったが、今回は次の値だった。

用水路　1リットルあたり6500ナノグラム（目標値の130倍）

地下水　1リットルあたり2万ナノグラム（目標値の400倍）

このような汚染状況の中、高濃度のPFOAが血液から検出される市民が続々と出ている。PFOAに曝露すれば健康被害が出るというのは、世界各国の疫学調査で判明しているが、森山と吉田は「健康被害が出るおそれはない」の一点張りだ。

総務省が出している公害の定義では、健康被害について「将来発生するおそれがあるものも含まれる」と定めている。摂津でのPFOA汚染を公害と認めれば、ダイキンと結んだ環境保全協定に基づき、被害者への補償協議を始めなければならない。森山と吉田は、それを避けたいのだ。

地下水の不使用は「市民の勝手な判断」

環境保全協定で補償の対象として定めているのは、健康被害だけではない。「財産被害」も対象だ。協定の第15条は以下のように定めている。

「第15条　事業者は、事業場の操業に起因して公害が発生し、住民の健康及び財産に被害を与えたときは、その被害の補償を誠意をもって行うものとする。」

実際、淀川製作所の近辺では、農地を使えなくなった市民たちがいる。

吉井正人もその一人だ。淀川製作所のとなりに畑を持っている。地下水で水やりをし、ナスやジャガイモ、果樹など畑の収穫物を日常的に食べていた。

京都大学名誉教授の小泉昭夫のチームによる血液検査を受けたところ、非汚染地域の住民の約40倍にあたるＰＦＯＡが検出された。小泉は、ＰＦＯＡを多量に含んだ地下水が農作物を経由し、吉井の体内に蓄積したと考える。吉井は「どの野菜も、もう食べられませんわね」と言う。

私は、市長の森山に吉井の事例を挙げ、住民の財産に被害を及ぼしていることを指摘した。森山が答える。

「及ぼしてない」

部長の吉田も森山に同調する。

「農業用水に関して、絶対使ってはダメですよという指導は、（摂津市は）受けてない」

「ご本人はそうお考えやと思いますけど」

指導とは、国と大阪府からの指導のことだ。吉田は、国と大阪府が何も言ってきていないので、市民が畑に地下水を使っても構わない、「使ったらダメだ」と本人が思っているだけだ、と言っているのだ。編集長の渡辺が、再度確認した。

「摂津市としては、『農業用水→野菜→食べたことによる曝露』という経路が科学的に正しいかは、わからない。だから本人が農業用水を使わないというのはその人の判断であって、農業に支障を及ぼすとは言えないと。そういう理屈ですね？」

吉田は言った。

「今の段階ではね」

市長の本音

部長の吉田は、市民を突き放すようなことを言う。しかし、市長である森山が吉田と同じ考えでいいのだろうか。森山は選挙で市民に選ばれた市長である。その点を確認すると、森山があっさり言った。

「いいですよ」

本当にそんなことを言ってもいいのか。市がダイキンと結んだ環境保全協定は、市民の側に立って独自に作られたものではないのか。協定には、水質汚染などから住民の健康と環境を守ることが目的であると書かれている。

なぜ、市民への補償のスタートラインに立てる協定をチャンスと捉えないのか。その点を改めて問うと、森山が言った。

「ダイキンを標的に作ったわけじゃない」

しかし、そのダイキンが協議に応じると言っている。市として協議をダイキンに申し入れないという選択肢は市長としてあり得ないのではないか。

森山が答える。

「事業所だって困る。こんなんいつまでもやってたら」

私は、森山の本音を見た思いだった。この期に及んで、ダイキンの心配をしているのである。協定は森山にとって市民を守る「チャンス」ではなく、むしろダイキンの責任を追及することになる「ピンチ」だったのだ。

第6章 加担するマスメディア

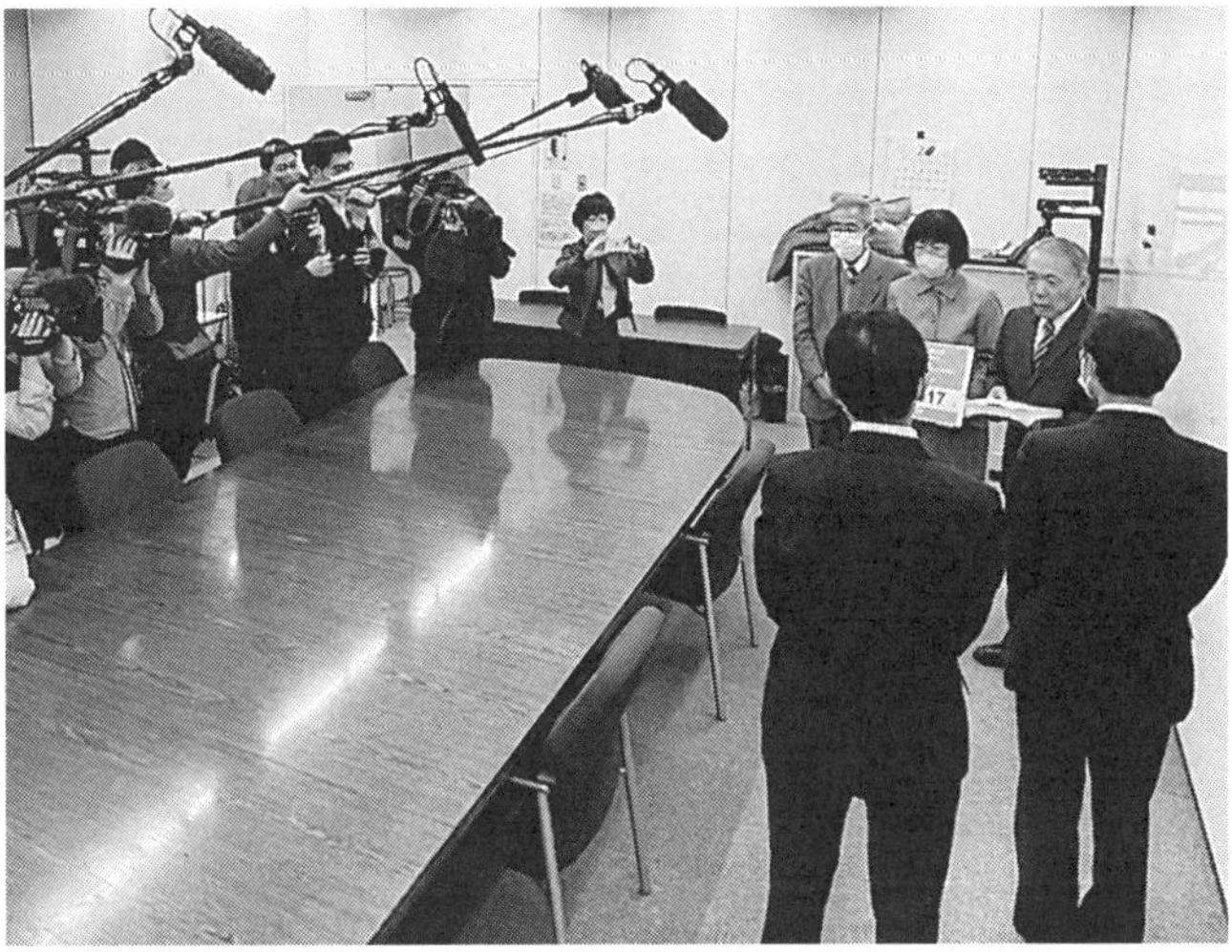

大阪府に署名を提出する「PFOA汚染問題を考える会」＝2023年2月24日、渡辺周撮影

「米軍のＰＦＡＳ流出はギリ報じられる」

ダイキンの横暴がなぜ許されてしまうのか。理由の一つに、「マスメディアの加担」があると私は考える。２０２１年春にダイキンのＰＦＯＡ公害の取材に着手して以来、ダイキンに対する他メディアの報道姿勢には驚いてきた。

淀川製作所の周辺住民から高濃度のＰＦＯＡが検出されたことが判明した頃のことだ。検査を実施した京都大学の小泉が淀川製作所近くに住む男性宅を訪れていた。私が男性宅に取材に行くと、あるテレビ局の記者と入れ違いで出くわした。２人のカメラマンも引き連れている。映像での報道は、インパクトがある。テレビを通してダイキンの公害が報じられれば、事態が動きやすくなると思い、期待した。そう声をかけた私に、記者は言った。

「米軍基地からのＰＦＡＳ流出はギリ報じられますけど、大企業となるとちょっと……。小泉先生の調査風景として報じようと思います」

意味がわからない。後日、実際の放送を見た。ダイキンの建物を映していたが、社名が入っていない映像だった。汚染源がダイキンであることもナレーションや字幕で触れられていない。これでは、なぜ小泉がこの場所で調査しているのかもわからない。奇妙な報道だった。

ダイキンの名前を出して報じることは必要不可欠である。責任主体をはっきりさせる必要があるからだ。日本は、水俣病やイタイイタイ病など戦後の経済発展の中で、凄惨な公害を経験してきた。令和になってもなお、PFOA汚染という公害を起こしたことをダイキンが深刻にとらえ、被害者に補償し再発防止策を取るために、メディアができることは実名で事実を報じることではないのだろうか。

しかし、ダイキンへの追及を避ける報道は、まるで当たり前かのように大手メディアに浸透していた。

朝日新聞、NHK、東京新聞……

2023年1月30日、政府の専門家会議や、市民団体による記者会見が行われた。1月31日から2月1日にかけ、新聞・テレビの各社が全国各地でのPFAS汚染を大々的に報じた。報道内容を見た私は呆れた。未だに、汚染源である「ダイキン」の名前を出さずに報じているのだ。

1月31日の朝刊1面で報じた朝日新聞は、「工場などが汚染源になっていると指摘されると書いている。ところがダイキンの名前は一切出さなかった。

同日、関西で放映されたＭＢＳ（毎日放送）のニュースでは、記者が汚染源であるダイキン淀川製作所（大阪府摂津市）のすぐそばを歩きながら、「このあたりは、あちらに淀川が流れていて、近くにはかつてＰＦＡＳを使っていたことがある工場があります」とリポートする。しかし、ダイキンの名前は出さない。淀川製作所の外観を映像で流したが、ダイキンであるとわかる看板やロゴは映さなかった。

２月１日に放送された報道番組「ｎｅｗｓ23」でも、同様の映像の切り取り方だった。東京新聞は「ＰＦＡＳを追う」と題した企画を始めたものの、当初は、「在日米軍基地由来のＰＦＡＳ汚染問題を巡る国や自治体、住民の動きを随時紹介します」。ダイキンを取材の対象にはしていなかった。

２０２４年６月12日、ＮＨＫの「クローズアップ現代」で放送されたＰＦＡＳ汚染特集にも驚いた。明らかに事実とは異なる環境省の発表をそのまま流したり、汚染原因企業のダイキンから多額の金銭を受け取っている研究者のコメントを、金銭授受の事実を伏せて紹介していたり。ゲスト出演した群馬大学教授の鯉淵典之は、汚染処理の費用について「企業に全部丸投げというのは（中略）莫大なお金がかかる」とし、「何らかの公的補助が必要」と述べた。

井上会長の特別功績金43億円に

２０２４年6月27日、ダイキンの株主総会が開催された。引退する会長の井上礼之に43億円が支払われることが議決された。

43億円を使って、被害を与えた住民への補償や汚染した自然環境の浄化を進めるべきだ。しかし、その点を質すメディアはない。井上への特別功績金43億円贈呈が可決されたことばかりを取り上げた。例えば朝日新聞は、「複数の株主が賛成意見を述べ、『もっと多くてもいい』という意見もあったという」と報じた。

まるでダイキンがＰＦＯＡ汚染を引き起こしている事実が見えていないような報道だ。

２０２４年7月4日に放送された、テレビ朝日系のネット番組「ＡＢＥＭＡ Ｐｒｉｍｅ」では、ＰＦＡＳ汚染の特集が組まれた。「基準値を超えるＰＦＡＳが検出された場所」として、全国各地のＰＦＡＳ汚染地域を地図で示した図が映し出された。沖縄や東京、青森や愛知の基地、静岡の化学工場（三井ケマーズ）、岡山・吉備中央での汚染がマッピングされている。だが、ダイキンによる大阪での汚染が掲載されていなかった。大阪は、国の調査で全国ダントツのＰＦＯＡ濃度を記録している汚染地だ。明らかに不自然な報道だった。

ダイキンの名前を出さない理由

なぜ、ダイキンの名前を出さないのか。ダイキンが汚染源であることは、事業所の監督権限がある大阪府が認めている。ダイキン自身も、私が社外秘文書を入手したうえで役員たちに取材した結果、淀川製作所が汚染源であることを認めた。その文書には、淀川製作所の敷地外に大量のＰＦＯＡを排出していたことが記録されていた。

考えられるのは２つだ。

一つは、ダイキンとの利害関係だ。ダイキンはテレビ局や新聞社に多くの広告を出している。ダイキンを批判することが、経営難のマスコミにとっては憚られるのかもしれない。

もう一つは、マスコミで働く記者や幹部に訴訟やクレームを恐れる空気が蔓延しているということだ。米軍基地や行政を批判しても訴訟になるリスクは低いが、企業はそうはいかない。結局、叩きやすくて、自分の社内での立場が脅かされるおそれのない相手を選んでいるのではないか。

だがこの考察が不十分であったと最近気がついた。そもそも、記者に職務を果たそうという気がないのだ。

摂津市議会では、２０２０年６月の全国一の汚染が発覚して以降、何度もＰＦＯＡ汚染についての審議がなされてきた。だが、議会を傍聴する市政記者クラブの記者を見たことがない。記者クラブには市役所内に記者室が用意されている。これまで私は何度も記者室に足を運んでみたが、記者クラブに加盟するマスコミ各社の記者がいた試しがない。

議会を取材した時のことだ。血液から高濃度のＰＦＯＡが検出された男性が傍聴していて、私にこう言った。

「傍聴席の真ん中に座ろうと思ったら、記者専用で座れませんでしたわ。記者さんは誰もおらんかったけどね」

関心あってもいい加減

大手メディアにも、ＰＦＯＡ汚染の問題に興味がある記者はいることにはいる。だがかなりいい加減で、不誠実だ。

関西テレビの記者は、ＰＦＯＡに高濃度曝露した市民を紹介してほしいと直接メールしてきた。本人の承諾を取ったうえで連絡先を教えた。さらにビデオ通話もし、私が情報公開で入手した文書の提供が決まった。だが、そのままフェードアウトした。

日本テレビの記者は、米国でのPFOA公害を描いた映画『ダーク・ウォーターズ』に関する記事の確認を依頼してきた。なぜ自分で確認しないのか不思議に思ったが、Ｔａｎｓａのクレジットを掲載するという条件で引き受けた。だが、実際の記事にクレジットは載っていなかった。約束を破ったうえ、記事内の数字が間違っていた。日テレは、事実と異なる情報を現在も流している。

読売新聞の記者は、私の記事に登場する京都大学の小泉に連絡を取った。私が記事内でダイキンの内部文書を入手したと記した際、Ｔａｎｓａが摑んだスクープは何か探りを入れたという。だが取材を続け、内部文書について報じることはなかった。

ＭＢＳの記者もダイキンの内部文書を欲しがった。連絡が来たのは２０２４年７月頭のことだ。連絡を受ける数日前に、ＭＢＳは夕方のニュースでPFAS特集を放送した。だがそこでも、ダイキンの名前を出していなかった。その特集のインタビューを受けた地域住民から、私に連絡があった。「あまり企業名を出して話さないで下さい。公平性に欠けるから」と担当ディレクターに言われたという。企業名を出さないのに、ダイキンの社外秘文書を入手して何になるのか。文書は、ダイキンに非を認めさせた重要な証拠だ。そもそもＴａｎｓａで報道するということで入手したものだ。第三者に渡せるはずがない。

相手がダイキンのような大企業でなくても、行政に寄り添うメディアもいる。

2024年5月24日発売の雑誌『週刊金曜日』(1473号)では、科学ジャーナリストの植田武智が吉備中央町のPFAS汚染の記事を書いていた。その中に、町長の山本雅則のインタビューがあった。タイトルは「血液検査は住民や地域のことを考えただけのこと」。住民の声を聞いてすぐに血液検査の実施を決断したエピソードなどが書かれていた。しかし、これは事実とは異なる。山本は血液検査の実施を何カ月も渋っていた。町民が動き、要望書を出すなどしてようやく実現したのだ。現地で取材をしていれば、わかる事実だ。なぜ、権力者の声を鵜呑みにして報じるのか。

さらに記事では、「さまざまな事実が明らかになり、水道水の汚染は解決している。あとは住民の健康影響のフォローアップだけだ。よくなることはあっても、これ以上悪くなることはない」などと書かれている。いや、違う。町民たちはまだ血液検査を受けられていない。その後の健康影響の検査も実施が決まっているわけではない。補償も受けられていない。汚染原因企業も損害賠償を支払っていない。町の責任も曖昧なままだ。町は水源のダムは使えなくなり水利権を失った。まだまだたくさんの問題が山積みなのだ。なぜ、このような記事が掲載されてしまうのだろうか。

このような報道をする記者たちは、誰のために仕事をしているのだろうか。ジャーナリストの使命は、被害者のために権力と闘うことだ。公害の解決を遅らせている一因をメディアが担ってしまっている。

第7章 対決

ダイキン工業淀川製作所＝筆者撮影

ダイキン十河社長を直撃へ

２０２２年3月8日、私はダイキン工業社長の十河政則を直撃取材した。

これには理由があった。２０２１年11月以降、ＰＦＯＡ汚染について事実を摑んではダイキンに見解を質してきた。しかしダイキンの広報は、私が会長の井上礼之に取材を申し込んで以来、「個別の内容にはお答えしない」とまともに回答しなくなったのだ。

3月８日午後3時、名古屋市内の高級ホテルに黒塗りの大型タクシーが横付けされた。車から出てきたのは、ダイキン社長の十河政則だ。

ホテルを会場に、中部マーケティング協会主催の経営セミナーが開かれていた。セミナーに登壇する十河はスタッフに出迎えられ、会場入りした。

私は、このセミナーに2万９７００円の参加費を払って申し込んだ。会場の中で十河の講演を聞きたかったが、定員に達したためホテルの近くにある喫茶店からオンラインで視聴した。

冒頭、ダイキンの紹介ビデオが流れた。「空気で、ひとを幸せに」という文字が映る。

10分後、十河の講演が始まった。十河は１９７３年にダイキンに入社し、２００2年に取締役に就任。２０１１年以来、社長を務めている。経営の構えや企業の成長について話した。

「10年前に社長の任命を受けました。その時にですね、答えのないところに答えを出すことがトップの重要な役割というふうに言われました。その言葉をですね、肝に銘じて、経営の重要な判断・決断の際に、自分は答えを出しているのかを常に問うてまいりました」

講演の最後は質疑応答だ。参加者が専用フォームから質問を送り、司会者が読み上げる。私は、2点について質した。

●淀川製作所周辺で血液や土地から高濃度のPFOAが検出された住民に対して、謝罪や補償などをするか

●工場敷地外のPFOAの汚染除去をどのように行っていくのか。汚染除去しない場合は、その理由は何か

だが、いずれも取り上げてもらえなかった。喫茶店から講演会場のホテルに移動し、講演後の十河に直接尋ねることにした。

「ノーコメントで」

十河は、ホテルの3階からエレベーターで1階のロビーに降りてきた。

――ご講演ありがとうございました

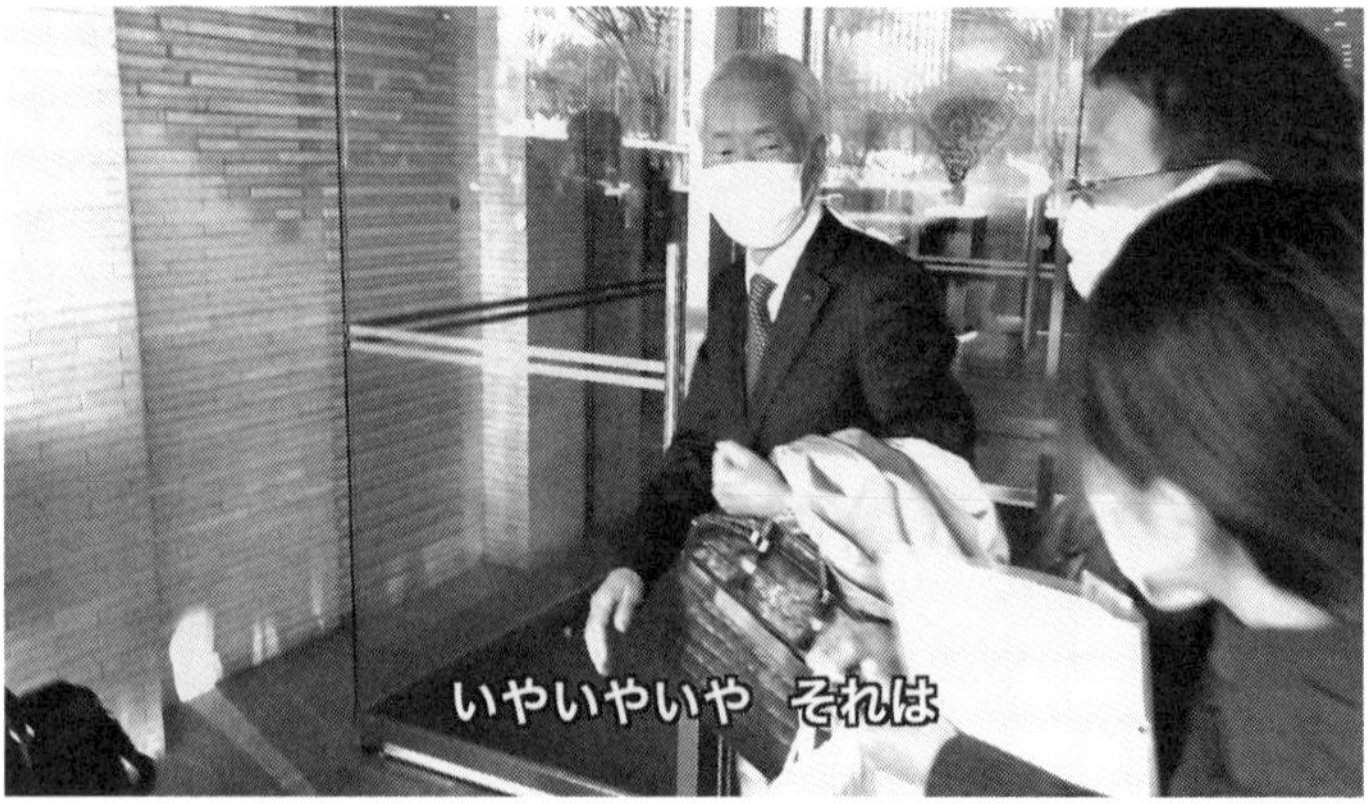

ダイキン工業の十河政則社長を直撃取材＝2022年3月8日

「あ、はい」

――ダイキン淀川製作所でのＰＦＯＡ汚染について、高濃度のＰＦＯＡが出ている問題で

「あー、はい、はい、はい、はい」

十河は、ＰＦＯＡ汚染について認識していた。だが、私が住民への謝罪と補償の話を持ち出したとたん、口籠る。

――住民やその方々の土地について謝罪や補償ってされますか？

「え？　いやいやいや、それは」

――（謝罪や補償を）されないですか？　環境省（の調査で）も全国一位、大阪府も認めている汚染ですけれども

「ちょっと間に合わないんで、すいません」

十河は迎えの車に乗り込んだ。車のシートに身を沈めた十河に、もう一度大きな声で尋ねた。

――住民の方に補償と謝罪はされないということですか？

「ノーコメントで」

――ノーコメントですか？

「何をおっしゃられているのか」

車のドアは閉まり、ホテルを去った。

広報からのメール

取材から2時間足らずの午後6時半すぎのことだった。ダイキンの広報担当者である野田久乃からメールが届いた。

「お世話になっております。

ダイキン工業　広報　野田です。

本日の中部マーケティング協会主催の『第52回中部マーケティング会議』の会場にて、中川様から十河へ、帰り際にお声がけされたと聞いています。

帰り際で急いでおり、どのような問いかけだったのか聞き取れなかったことから十河よりどういう問いかけだったのかを聞くようにと言付かっております。

どのようなことをご質問されたかったのでしょうか。

ご教示いただければ幸いです。」

ダイキンは「個別の内容には答えない」と2週間前に言ってきたばかりだ。それにもかかわらず、十河が「聞き取れなかった」からと、私の質問内容を尋ねてきた。

だが、十河は質問を聞き取れている。その上で「ノーコメント」と回答しているのだ。私は取材の経緯と、すでに十河が回答していることを伝えた。

野田からまたメールが届いた。


「ご返信をありがとうございます。

状況について承知しました。

社長の十河がお声掛けの内容を聞き取れておりませんので、質疑応答の対話として成立しているとは言い難いようです。移動中でしたので、唐突なお声掛けに対応できず失礼しました。

ご質問の内容を拝見しました。以下、改めまして広報より回答いたします。

『当社としてはこの問題に真剣に向き合い、大阪府、摂津市とも連携して取り組んでいます』

以上、よろしくお願いいたします。」

ダイキン広報の回答には一貫性がない

ダイキンは当初、私が尋ねていないことにまで回答してきた。

例えば2021年11月、初めての回答。私は、淀川製作所の周辺住民の血中から高濃度のPFOAが検出されたことについて、ダイキンの責任を問うていた。

しかしダイキンは、責任についてては答えなかった一方で、京都大学のチームが実施した検査の精度やPFOAの排出削減への取り組みなど、こちらが聞いていないことに言及してきた。

潮目が変わったのは2021年12月、ダイキン会長の井上礼之に取材を申し込んだ時だ。

ダイキン広報は「井上への取材につきましては、辞退させていただきます」。

だが、井上は淀川製作所で副所長として住民対策を担った経験があるうえ、社長時代にかつて知事を務めていた太田房江の後援会長を務めた。ダイキンのPFOA汚染対策について、大阪府に影響を及ぼしていないかを問わなければならない。

年が明けた2022年1月、広報を通して井上に対して質問状を出した。

回答は「個別の内容に関するご質問への回答は控えさせていただきます」。

その後は、何を尋ねても「個別の内容に関するご質問への回答は控えさせていただきます」の一点張りだった。

今回、社長の十河を直撃したことで、ダイキンは再び口を開くようになり、「当社としてはこの問題に真剣に向き合い、大阪府、摂津市とも連携して取り組んでいます」と回答してきた。

井上会長を直撃

ＰＦＯＡの危険性が米国発で判明したのは２０００年前後。そこから約20年にわたりダイキンのトップとして舵取りをしてきたのは、２０２４年６月まで会長を務めた井上礼之だ。ＰＦＯＡ汚染の原因がダイキンであることが明らかになった今、井上は自身の責任をどう考えるのか。２０２１年12月に広報を通し井上への取材を申し込んだ時は断られたものの、私はどうしても本人に直接話を聞きたかった。

２０２２年６月２日朝８時50分、私は兵庫県にある井上の自宅に到着した。高級住宅が集まる地区だ。

井上は同志社大学を卒業後、１９５７年にダイキンに入社。配属されたのは、淀川製作所だ。淀川製作所では当時から公害が多発していた。敷地外に何度も有毒ガスを漏出させ、地域の農作物は焼け焦げた。住民が避難を強いられることもあった。

度重なる公害に1973年、淀川製作所内で「地域社会課」が発足した。課の責任者に就いたのが、井上だった。入社から15年余り。淀川製作所の副所長にまでなっていた。井上は、地域住民を招待する盆踊り大会を考案したり、低価格の飲み放題バスツアーを実施したりした。

井上は1979年に取締役、1989年には専務取締役と出世の階段を駆け上がり、1994年に社長に就任した。2014年に代表権は移譲したが、その後、会長兼グローバルグループ代表執行役員を務め、本社に出勤していた。年間報酬は、代表権をもつ社長の十河政則を約1億3000万円上回る4億1200万円（2020年度）で、役員の中でも最高額だ。

ダイキン工業の井上礼之元会長を直撃取材=2022年6月2日、渡辺周撮影

インターホンを鳴らすと、「はーい」と女性の声がした。

「おはようございます。東京にある報道機関Ｔａｎｓａの記者の中川と申します。井上会長に取材したく、お伺いしました」

程なくして、エプロン姿のハウスキーパーが玄関先までやって来た。

「井上はこれから出勤で時間がないんですけど、本社の方まで来ていただいたらいいですよ、とのことです」

ここでも挨拶だけしたいと伝え、私は名刺とＴａｎｓａのパンフレットを彼女に預けた。

数分後、井上が姿を現した。ダークスーツを身にまとい、玄関から迎えの車までの数メートルをゆっくり歩く。「おはようございます」と声をかけると、私の名刺を見ながら、「（Ｔａｎｓａは）知らんなあ。何のお話？」。

Ｔａｎｓａはこのときまでに7カ月にわたってダイキンとやり取りしている。だが井上はピンときていない。

私は言った。

「淀川製作所の周りで起きている、ＰＦＯＡ汚染についておうかがいしたいんです」

井上が答える。

「私じゃなくて、担当役員や関係者でもいいですか」

それでは困る。ＰＦＯＡの危険性を20年前には把握していながら、ブレーキを踏まなかったトップとしての見解を問いたいのだ。

井上は２００２年に、雑誌『イグザミナ』３月号でのインタビューで「フッ素化学事業においては、世界でナンバーワンもしくはナンバーツーにならないと負け組に入ってしまう」とＰＦＯＡを含むフッ素化学事業に意欲を示している。２００２年は、ダイキンの取引先でもある米国の３Ｍが、危険性を理由にＰＦＯＡ製造を打ち切った年だ。

さらに米国では、ダイキンによるＰＦＯＡ汚染が裁判に発展している。２００５年、市民の飲み水に使うテネシー川から高濃度のＰＦＯＡが検出。地域住民のＰＦＯＡ濃度の上昇との関連が認められた。川の上流にはダイキン・アメリカなどＰＦＯＡを製造する各社の工場があったのだ。住民らが提訴した結果、ダイキンは４００万ドル（約４億４０００万円）を支払うことで、２０１８年に和解が成立した。

私は「企業トップの井上さんに、おうかがいしたいんです」と言った。井上は自身の名刺を取り出し言った。

「そしたらね、スケジュールを、秘書室にミナミという秘書部長がおりますんで、そこへ電話してくれますか。12時頃に電話をくださいい」

迎えの車に乗り込む前、井上は「東京ですか、この会社？」と言った。やはりＴａｎｓａを知らない。ダイキンでは、Ｔａｎｓａのシリーズ「公害ＰＦＯＡ」について、井上の耳に入れていないのだろうか。

私は「井上会長は裸の王様だな」と思った。

正午、井上が指定した番号に電話をかけると、「秘書部長のミナミ」が応じた。

「井上から指示を受けてまして。この件に関しては弊社の担当役員から回答するように指示が出てるんです。調整は広報としてください」

さらに秘書部長は言う。

「あと井上は、かなりというか、めちゃくちゃ忙しいんで、自宅の方に行くのは控えてほしいんです」

朝と話が違う。井上は自分で取材を受けることを承諾した。私は、淀川製作所周辺でのＰＦＯＡ汚染については、井上がきちんと対応すべき問題であることを改めて伝えた。

それでも秘書部長は、「井上の指示」の一点張りだ。

「いやそこはもう、明確に指示が出ておりますので」

私は最後に確認した。

「井上さんは取材を辞退されるということですか」

秘書部長が言う。

「そう捉えてもらって……、そうですね」

広報に連絡すると、これまでやりとりを続けてきたコーポレートコミュニケーション室・広報グループの野田久乃が出てきた。ダイキンの担当役員が取材に応じることが決まった。野田からのメールには、次のように書かれていた。

「今回、Tansa様へ当社の考え等を正確にお伝えしたいと考えております。動画の撮影については、説明の妨げになる可能性があるためお控えいただきたく。ご理解いただけますと幸いです。」

排出量を把握していない？

井上の自宅を直撃した5日後、私と編集長の渡辺周はダイキン本社で、次の幹部たちを取材した。井上は取材を断り部下に対応を一任していた。

平賀義之　執行役員　化学事業、化学環境・安全担当
小松　聡　化学事業部　企画部　環境技術・渉外専任部長
阿部　聖　コーポレートコミュニケーション室　広報グループ長・部長

ダイキンが破棄したと言う「社外秘文書」には、２００２年度のＰＦＯＡ排出量が記載されていた。淀川製作所から敷地外へ年間12トンを排出していた。国内のＰＦＯＡ研究の先駆者である京都大学名誉教授の小泉昭夫によると、大阪での高濃度汚染を裏付ける量である。

ただ、この数字は２００２年度の１年間だけのものだ。ダイキンは１９６０年代後半から２０１５年までの少なくとも45年間、ＰＦＯＡを製造・使用していた。私は、これまでの敷地外への総排出量を尋ねた。

答えたのは、化学事業の執行役員である平賀だ。

「正直ですね、今、そのお答えはわからないとしか言いようがないですね」

化学事業の役員が、排出量を把握していなかった。しかも、平賀はその数字を誰が把握しているかもわからないと言う。

「社内にそういった資料が残っているかどうか。これが今残ってなかったので、あるかどうかわかりません」

敷地外への排出量は、汚染に対するダイキンの責任を確定するうえで重要な情報である。ここがはっきりしなければ、摂津を中心に広がった汚染への対策も決められないはずだ。

平賀は言った。

「探してみて、数字的に把握できているかどうかっていうことは、確認することはできるかなとは思います」
そうであればと、敷地外へのＰＦＯＡ総排出量を確認し、後日回答するよう求めた。平賀は「それは考えさせてください」と渋った。

「ＰＦＯＡは危険なんですか」

私は「社外秘文書」で判明した地域の用水路へのＰＦＯＡ排出についても尋ねた。２００３年に作成された文書には、次の記述があった。

「摂津の下水処理場へは、３年前から放出。それまでは、＊＊用水路を経て、神崎川に放流」

つまり２０００年頃までは、ＰＦＯＡを含んだ排水をそのまま地域の用水路に放出していたのである。この用水路は、「味生《あじふ》水路」のことだ。味生水路は、ダイキン淀川製作所の西側の壁を沿うようにして流れる太い水路だ。２０００年頃までは、味生水路から水を引いて米を育てたり、農作物に水やりしたりする住民が多くいた。
私は、なぜ味生水路にＰＦＯＡを含んだ水を放出していたのか尋ねた。

渉外専任部長の小松が口を開いた。

「あのー、まあ、それは、規制対象にはなっていなかったからです」

確かに、ＰＦＯＡの製造・輸入が日本で禁止されたのは２０２１年10月だ。しかし、ＰＦＯＡの危険性は２０００年より前から世界中で知られていた。規制がなくても、危険性を把握していれば地域住民が使う用水路にＰＦＯＡは流さないはずだ。

「危険な物質だと知っておきながら、なぜそのまま地域の用水路に流していたのか」

小松が答える。

「それは（危険性を）知る前です」

この言葉は信じられない。

ダイキンは、ＰＦＯＡの世界8大メーカーである。同じく8大メーカーのデュポンと３Ｍは１９７８年、ＰＦＯＡの危険性を疑いサルを使った実験を行った。高濃度のＰＦＯＡを投与されたサルは1カ月以内に死んだ。１９８１年には、デュポンのＰＦＯＡ工場で働いていた母親から先天性欠損症の子どもが生まれている。

ダイキンは、デュポンと３Ｍの両社と関係が深い。デュポンとは１９５１年の時点で「フロン製法」についてやりとりがあった。３Ｍとは１９９１年に合弁でフッ素樹脂の原料製造会社を設立している。

トップの井上自身、1990年代前半から訪米して3M首脳と交流していた。自著『私の履歴書 人の力を信じて世界へ』（日経ビジネス人文庫）で綴っている。

ダイキンがPFOAの危険性を認識したのはいつなのか。

私が尋ねると、小松は言った。

「危険性を認識したのは2006年」

2006年は、米国EPA（環境保護庁）が、ダイキンなど世界8大メーカーに、PFOAの全廃を呼びかけた年だ。

では2006年の時点で摂津の住民に、多量のPFOAを用水路に流していた過去を伝えたのだろうか。PFOAは残留性が高く、一度汚染されるとなかなか除去されない。小松が答える。

「知らせてないです」

なぜ知らせないのか。理由を尋ねると、小松の回答が迷走を始めた。

「危険な物質とは認識できてなかったから」

小松は直前に「危険性を認識したのは2006年」と言ったばかりだ。私は「2006年に認識されたって、おっしゃったじゃないですか、今」と返した。

「それはあのー、何年に危険性を認識したかっていうのは、あのー、それはわからないです」

コロコロと回答が変わるようでは取材にならない。私が「なんでわからないんですか。わかる人、連れてきてくださいよ」と言うと、小松が聞いてきた。

「（PFOAは）危険なんですか？」

PFOAが危険かどうか、ダイキンから聞かれるとは思ってもいなかった。編集長の渡辺は思わず「なんじゃそれ」と声をあげた。私は「すごい発言ですけど大丈夫ですか」と小松に尋ねた。

小松は説明を始めたが、要領を得ない。渡辺は小松の発言を整理し「現時点でも危険性があるとは言えないということですね」と確認すると、小松は断言した。

「言えません」

PFOAの危険性を否定して大丈夫なのか。日本も批准する国際条約「ストックホルム条約」では、2019年にPFOAが最も危険なランクの化学物質に分類され、廃絶が決まった。だからこそ日本でも昨年、製造と輸入が禁止されたのである。

私たちがその点を強調すると、小松は「危険かどうかわからない」と表現を弱めた。

それでも世界の科学的知見とは、かけ離れている。小松の個人的な見解ではなく、ダイキンとしての見解ということでいいのか。化学事業担当執行役員の平賀、広報グループ部長の阿部にも確認したが、「PFOAが危険かどうかわからない」という見解は変わらなかった。

貝になったダイキン広報

ダイキン本社での取材後、私は広報を通して、改めて次の2点をメールで質問した。

1．淀川製作所から敷地外へのPFOA総排出量の記録の有無
2．記録があった場合の公開の可否

本社での取材では、化学事業の執行役員である平賀が、記録があれば公開を検討すると述べていた。ところが、回答期日を過ぎても返事がない。そこで平賀本人に直接メールを送ると、広報の野田久乃から返信が届いた。

「回答が遅くなり申し訳ございません。いただいていた追加のご質問の件ですが、排出量に関しては、営業上の機密情報に該当すると判断し、回答を控えさせていただきます。」

この回答では、記録が残っていたかどうかすらわからない。私が追加で尋ねると、野田から返信がきた。

「記録が残っていたかどうかも含めて、回答を控えさせていただきます。」

記録の有無を答えることが、なぜ「営業上の機密」になるのか。私は再度質問のメールを送った。

「記録があるかどうかは、『営業上の機密』には当たりません。記録の有無すら言えない理由を教えてください。」

だがダイキンはこのメールを無視した。いまだに返事がない。2021年11月以来、ダイキン広報とはやり取りを続けているが、返信すらしなくなったのは初めてだ。

株主総会で

2024年6月27日、ダイキン工業が第121期定時株主総会を開いた。私は、その音声データを入手した。

この日の株主総会は、大阪市にあるホテル阪急インターナショナルの「紫苑の間」で開かれた。進行を務めたのは、社長の十河政則だ。社からの議案を株主に諮るにあたり、経営状況等を説明。質疑応答時には、株主からPFAS汚染に関する質問が複数挙がった。Tansaでは2021年11月から、ダイキンによるPFOA汚染を報じている。株主総会の音声を都度入手してきたが、PFOA汚染に関する質問は今回が初めてだった。

ある株主が尋ねた。

「淀川製作所のPFASが今、各メディアで取り上げられている。我々株主に安心を与えていただけるような施策、対応策をご教示いただけるとありがたいです」

回答に立ったのは、常務執行役員（化学事業、化学環境・安全担当）の平賀義之だ。

「ご質問いただきありがとうございます。私は化学を担当しております、平賀でございます。淀川製作所周りのPFASの課題につきましては、2009年より、浄化する排水処理設備を新設し、現在も高度化し、地下水の揚水と浄化を行い、汲み上げ量の増加を図っております」

確かに淀川製作所では、敷地の地下に溜まった高濃度PFOA水を汲み上げて処理し、下水として流している。だがダイキンは、下水排出時のPFOA濃度を公開していない。周辺住民や大阪府が開示を求めても拒否し、今に至っている。どれほどの効果があるかはわからないのだ。それどころか、2020年の環境省の調査では、淀川製作所すぐそばで採水された地下水が全国一のPFOA濃度を記録している。

平賀が続ける。

「さらにですね、専門家等の意見も参考にしながら、遮水壁を設けてその浄化を進めております」

淀川製作所は、敷地の地下にある高濃度PFOA水が敷地外に移動しないよう、遮水壁の設置を取り決めた。だが、現時点で設置できているのは一部のみ。ダイキンは、2000年代からPFOAの危険性を把握していたにもかかわらず、未だ遮水壁を完成させられないでいる。そもそも、ダイキンは自社の敷地内を浄化しているだけで、敷地外での汚染は知らんぷりだ。住民から補償や浄化を求められても応じていない。

平賀は回答の途中から、論点をずらした。

「一方ですね、PFASは1万種類ほどあるフッ素化学製品の総称となっております。その中で、体内蓄積性があるものは約3種類と、その類似化合物ということでありまして、他のものは不活性であるとされております」

平賀が述べた「3種類」とは、日本で製造が禁止されているPFOA、PFOS、PFHxSのことだ。この3種類以外なら問題ないと言いたいのだろうか。だが、淀川製作所周辺で起きている汚染の原因物質は、PFOAである。

さらに平賀は言った。

「半導体、自動車、情報通信、メディカルにおきまして、幅広い先端分野におきまして、フッ素化学品の高い性能がお客様のニーズに最も適しております。他の材料に置き換えることが難しいのも多いです。そういうことから我々は責任ある製造者として製品のライフサイクルを考え、環境影響を最小限に抑えて、これからもフッ素事業を伸ばしていきたいと思っております」

これだけの汚染を引き起こしていながら、「環境影響を最小限に抑えて、これからもフッ素事業を伸ばしていきたい」と表明したのだ。

そもそも、環境影響にしか言及しないことがおかしい。製作所の周辺住民の血液からは、高濃度のＰＦＯＡが検出されている。ＰＦＯＡは、発がん性や妊娠高血圧症など、命に関わる健康影響がある物質だ。毎年のように、さまざまな疾病との因果関係が世界中から報告され、各国で規制が進んでいる。

もはやＰＦＯＡ汚染は、環境問題ではなく人権問題だ。

平賀の説明後、社長の十河が「私の方からも少し補足させていただきます」と発言した。汚染対策に対して、「了承」を求めた。

「確かに地域住民の方々、淀川周辺の方々がご心配されることは真摯に受け止めております。関係団体、大阪府知事と協議しながら、万全の対策をとってまいりたいと思っておりますので、ご了承いただけますようよろしくお願い申し上げます」

「安全なＰＦＡＳ」とは

ＰＦＡＳに関する質問は、他の株主からも挙がった。

「先ほどのご説明に、1万種ある中で3種が人体に蓄積すると。代替が非常に難しい中で、この3種は未だに使われているのですか」

平賀が回答した。

「私の先ほどの説明が誤解を招いたのかもしれませんが、3種類に関しては、すでに我々も競合他社も使ってはおりません。そういったことで、ご安心いただければと思います」

だがこの3種はすでに法律で禁止されている。使えないのは当たり前だ。安心もできない。蓄積性・残留性が高く、過去の製造でも、今なお淀川製作所周辺の大阪府摂津市や大阪市東淀川区で広範な汚染が起きている。

平賀は続ける。

「今後、代替物質に関しては、例えば半導体製造装置の中においては、過酷な状況で使われる部分もございまして。そこには3種類以外のＰＦＡＳ、安全なＰＦＡＳと言ったらよろしいでしょうか。そういったものがすでに今も使われている」

平賀が言う「過酷な状況」とは何のことか意味不明だが、この回答に対して別の株主が手を挙げた。

「先ほどの話なのですけれども、『安全なＰＦＡＳ』っていうのは一体どういったことなのか、気にかかりました」

だが平賀の回答は、株主が尋ねた「『安全なＰＦＡＳ』とは何か」への回答になっていなかった。

「ＰＦＡＳはですね、先ほども申しましたけれども、１万種類を超える多様な有機フッ素化合物の総称となっております。それぞれのＰＦＡＳについて、個々の性質があったり異なる物性があったりするわけですけれども、現在、体内蓄積性が認められているのが、先ほどから申し上げているＰＦＯＡ、ＰＦＯＳ、ＰＦＨｘＳと、それの類似化合物となっております。他の物質に関しましては、体内蓄積性は現在認められておりません。また、フッ素ポリマー、フッ素ゴムに関しましては、ＯＥＣＤという分類においても、低懸念物質というふうにされておりまして、安全な物質というふうに考えております。以上、ご説明申し上げました。ありがとうございました」

平賀が言い終えると、社長の十河は間髪入れずに言った。

「それではですね、議案の採決に移りたいと存じます」

「裸の王様」への贈り物

この日の株主総会では、会長を退任する井上礼之への43億円の「特別功績金の贈呈」も議案に盛り込まれた。

30年にわたってダイキンのトップを務めた井上だが、入社後の初任地は淀川製作所だった。ＰＦＯＡの製造・使用時期には副所長を務めている。

ＰＦＯＡの危険性が世界で明らかになった後も、井上はＰＦＯＡ製造を含むフッ素事業のアクセルを踏み続けた。雑誌のインタビューでは、「フッ素化学事業においては、世界でナンバーワンもしくはナンバーツーにならないと負け組に入ってしまう」と語っていたほどだ。

しかし、井上への43億円贈呈について、株主たちは拍手で承認の意を示し、可決された。

会の最後に、井上が登壇した。

約４分間の挨拶の中で株主や社員、顧客に感謝を示し、こう述べた。

「本年創業１００周年という大きな節目を、過去最高業績で迎えることができた、本当に幸せな会社だと思っております」

第8章 立ち上がる住民たち

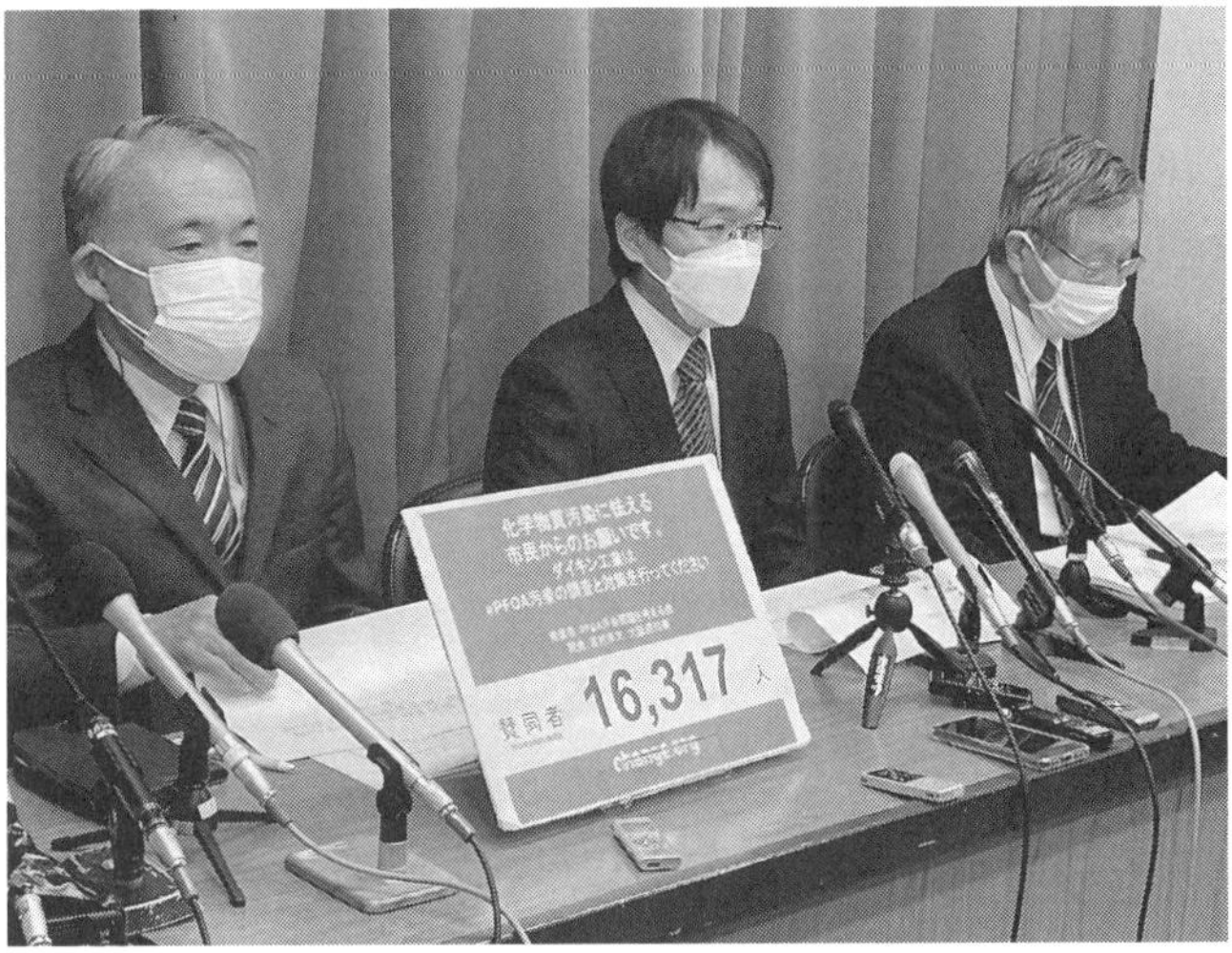

左から、「PFOA汚染問題を考える会」の谷口武事務局長、京都大学の原田浩二准教授、同小泉昭夫名誉教授＝2023年2月24日、筆者撮影

大阪府と摂津市はダイキンの側に立ち、国は傍観する。この事態に市議会と住民が動き始める。市議会は2022年3月29日、ダイキン淀川製作所周辺で地下水や土壌が汚染され、市民の血液から高濃度のPFOAが検出されたことに対し、国に対応を求める意見書を全会一致で可決した。

この日の本会議で意見書案を提出した議員は、公明の村上英明、大阪維新の会の香川良平、共産の増永和起、立憲民主の西谷知美、自民の光好博幸の5人。これに対して、議長を除く18人の議員全員が賛成した。傍聴席には血液検査で高濃度のPFOAが検出された市民の姿もあった。

意見書では、国と大阪府の水質調査で高濃度のPFOAが検出されたことを挙げ、次の4点について迅速に対応するよう政府に要請した。

1. 発がん性及び、出生児の低体重傾向など、身体への影響に関する検証について引き続き科学的知見などの集積に努め、血液に関しても分析方法及び目標値等について調査研究を進めること

2. 土壌に関する分析方法及び目標値等の調査を進め、地元自治体の協力を得ながら、土壌のPFOA除去について技術開発を進めること

3．食品中のＰＦＯＡを含むペルフルオロアルキル化合物についての含有実態調査等を進めるなど、農作物に関する分析方法及び目標値等の調査研究を進めること
4．国から摂津市など地元自治体へ担当職員を派遣されるなど、自治体と密接に連携し、健康への影響、水環境、土壌環境及び農作物等の調査を実施され情報の収集に努めること

議会の前後で、各会派の議員たちは私の取材に次のように語った。

大阪維新の塚本崇。

「地域の方から、農作物の水やりに摂津の水を使っていいかという相談を受けているが、『井戸水や用水路の水はできるだけ使わない方がいいと思う』としか答えられない状況。国には正確な指針を示していただきたいし、摂津市も井戸水や農業用水の使用を控えるよう市民に注意喚起していただきたい」

同じく大阪維新の三好俊範。

「国が早急に対応しないと、市としてはいつまでも放っておけない。ましてや、健康にも悪影響を及ぼしているとわかれば、早急にやらないといけない。味生《あじふ》小学校の児童に米を配布するかどうかも、市は早く決断するべき。ＰＦＯＡ問題について、私たち（大阪維新）は危機感をもって取り組んでいく」

共産の増永和起。

「市民の不安が広がる中で、地域の汚染や住民の曝露の実態調査をすぐにでも実施しないといけない。ＰＦＯＡ被害は一世代限りの話ではなく、親から子にまで影響する問題。市民の署名活動や、味生小学校の児童への米配布の問題についても引き続き取り組んでいく」

自民の松本暁彦。

「市として動けることは限られているので、土壌調査は国が責任をもってやっていただかないといけない。健康被害に関する知見も、国に示していただく必要がある。国には、早く（規制の）基準を出していただきたい」

民主市民連合の三好義治（ダイキン工業労働組合推薦）。

「僕としては誠心誠意取り組んでいる。今日の意見書提出でも賛成の立場に立った。国が、公害や環境に対して予算を充当しながら、研究開発も含め調査をしっかりとやってほしい。民間企業を主導し、事実関係もしっかり伝えてほしい」

立憲民主・市民連合の西谷知美。

「人体への影響や土壌の汚染について、他の都市ですでに対処しているところがあれば、それを参考にしながらダイキンと国、あるいは大阪府に対して対応を求めていかないといけない。味生小児童への米配布の件は、持って帰らせてはいけないでしょう」

公明の南野直司。

「血液から高濃度のＰＦＯＡを検出した摂津市内の農家さん３人と話をさせていただいた。今回の意見書は、第一歩だと思っている。私は行政側ではなく、市民の代表ですから」

１５６５人の署名を市長に提出

市民たちは、市長の森山一正に要望書を提出するための署名集めを始めた。主導するのは、今回の事態を受けて結成された「ＰＦＯＡ汚染問題を考える会」。代表は市民であり弁護士の間瀬場猛が務める。

要望書では、「今も深刻な状況のまま」のＰＦＯＡ汚染の原因が淀川製作所であることは、「国、大阪府、そしてダイキン工業自体も認めている」と指摘。ダイキンに対策を求めることなど、次の５点を要望書に盛り込んだ。

1. 別府《べふ》、東別府の地下水及び水路のＰＦＯＡ濃度調査を行ってください
2. ＰＦＯＡ汚染が判明している地域の土壌、農作物などの調査を行ってください
3. ＰＦＯＡ汚染に不安を持つ市民の血液検査など健康調査を行ってください

4．大阪府とともに国へ土壌・農作物や健康についての指針作成を要請してください
5．ダイキン工業に対し、情報を公開し汚染対策を講じるよう要請してください

2022年4月4日、「考える会」は市長の森山に1565人の署名と共に要望書を提出した。同会事務局長の谷口武が摂津市役所で市長の森山に手渡した。

事務局長は学童保育の先生

摂津市民の署名は全体の85％を占める。残りの15％は、摂津市に通勤する人や隣接市の住民からの署名だ。「ダイキン城下町」の市民は、どのような思いで署名に踏み切ったのか。

谷口が事務局長になったきっかけは、2022年2月11日に市議の増永和起らが実施した「PFOA汚染問題学習会」への参加だった。

学習会では、国内のPFOA研究で最前線を走ってきた京都大学名誉教授の小泉昭夫が解説した。PFOAの毒性や摂津での汚染状況を伝えた。

谷口が最も驚いたのは、血液検査を受けた男性9人全員から高濃度のPFOAが検出されたことだった。男性たちは、淀川製作所の東側に広がる一津屋《ひとつや》地区に田畑を持ち、井戸や水路の

水で育てた野菜を食べていた。

谷口は、一津屋のとなりの東別府《ひがしべふ》に住んでいる。淀川製作所の北側に隣接する地区だ。谷口の妻は地区にある畑で野菜を育て、自宅で食べたり孫に配ったりしていた。

「市民9人の血液検査の値が異常だった。一津屋地域だけの問題では済まないのではないか」

谷口はそう考え、ＰＦＯＡの危険性を妻に話した。さらに妻は、一緒に野菜を育てていた知人3人にＰＦＯＡ汚染の可能性を伝えた。4人全員が、農作物の栽培をやめた。行政の調査では、地下水だけでなく、市内の水路の水からも高濃度のＰＦＯＡが検出されている。畑の土も水も、野菜を育てる前に安全かどうかを確かめなければならないと感じたのだ。

2月上旬、谷口は「ＰＦＯＡ汚染問題を考える会」に加わった。署名活動を進める事務局長にも就いた。署名を集める際は、地域の家を一軒一軒訪ね、ＰＦＯＡについて説明してまわった。

谷口がここまでするのには理由があった。子どもたちの健康が気がかりだったのだ。

谷口は定年まで、商業高校の教師を務めた。退職後は小学校の学童保育の職員として、今でも子どもたちと接している。谷口にとって、ＰＦＯＡ汚染問題は、自分の家族さえ守られていれば済む話ではなかった。

谷口は言う。

「ＰＦＯＡ曝露は子どもたちの将来に関わることですから、当然不安に思います。署名を出したからには、市の動きを注視していきます」

ダイキン職員の友人は……

谷口と同じ東別府に住む谷詰眞知子も、署名集めに協力したメンバーの一人だ。

谷詰はまず、近くに住む自身の娘に署名を依頼した。母から話を聞いた娘は、自分や子どもがPFOAに曝露していないか心配した。谷詰は言う。

「娘は昔からこの地域で育っていますし、今は小さな子どももいます。低体重児ではありませんでしたが、今でも近所の方が育てた野菜をもらって食べることもあるので、早く調査してほしいと言っていました」

娘のように、我が子を心配する住民がいるかもしれない。谷詰は、東別府にある約260軒の家を訪問して、署名を集めた。

署名集めをする中で、谷詰はあることに気がついた。署名を拒否する住民の多くが、「ダイキン」の名前を挙げていたのだ。

「友人や親戚がダイキンで働いている方は、汚染対策を求める相手がダイキンだとわかると、署名を敬遠されました」

「地域のお父ちゃん」は職場で協力求め

ダイキンに遠慮する住民がいる一方で、「地域のお父ちゃん」は子どもを守る立場を選んだ。別府地区で遺品整理やハウスクリーニングなどを引き受ける「便利屋」を営む倉井孝二だ。倉井は、別府小学校に通う小学6年の息子をもつ。だが倉井にとっては、地域の子どもたちもまた、自分の子同然だ。休日になると、近所の子どもを集めて餅つきやバーベキューをしたり、夏には簡易プールを組んで遊ばせたりする。近所の子どもが悪さをすれば、自分の子と同じように叱って育てる。地域住民からは、「子どもたちみんなのお父ちゃん」と評されている。子どもたちも、そんな倉井を慕っている。

倉井は、「PFOA汚染問題を考える会」のメンバーに署名を頼まれた際、初めてPFOA汚染について知った。

「ダイキンは、単なるエアコンメーカーとちゃうんか?」

不審に思った倉井は、淀川製作所のことを調べた。もともと軍需工場で、化学物質を作ってきたことを初めて知っ

倉井孝二さん＝2022年4月14日、筆者撮影

た。20年ほど前にダイキンが地域一帯に異臭を放ち、倉井の自宅にお詫びのチラシが入ったことも合点がいった。

倉井は自分自身も、化学物質による健康被害を経験している。

「便利屋」の前は、基礎工事や土木関係の仕事をしており、福井県敦賀市で井戸水を汲み上げる業務にあたったことがある。だが仕事を終えた直後、身体に異常が現れた。上司に相談すると、産業廃棄物に汚染された井戸水を扱っていたことを知らされた。

倉井は、ＰＦＯＡ汚染に関する署名活動への協力をすぐに決めた。

倉井は言う。

「相手がダイキンだろうが、関係ありません。因果関係がわからないのなら、調べることから始めなあきませんやん。因果関係がわかったり、公害認定されたりする頃には、私たち親は亡くなってるかもしれません。それでもいいんです。地域の子どもや、さらにその子どものことまで考えないと」

倉井は、職場の従業員にも署名を呼びかけた。子どもがいる者もそうでない者も、署名に協力した。

ベテラン保育士「汚染源と認めないダイキンが腹立たしい」

高橋由香（仮名）は、市内の保育園で働いている。短大を卒業してから38年間、ほぼ毎日子どもたちに接してきたベテラン保育士だ。同僚の保育士たちにも呼びかけ署名に参加した。

高橋がＰＦＯＡ汚染について耳にしたのは、２０２２年２月のことだ。初めは難しい環境汚染の話かと思っていたが、ＰＦＯＡの毒性や残留性を知るにつれ、事の重大さに気がついた。

頭をよぎったのは、園児の農業体験だった。高橋が働く園では長年、近くの畑を借り、水道水と水路の水を使って、ナスやキュウリ、オクラなどの野菜を育てた。

収穫した野菜は、給食で食べる。園児たちは農業が大好き。野菜が苦手で食べられなかった園児も、自分で育てた野菜は、「おいしい！」と食べるようになった。

高橋は、農業体験によって園児がＰＦＯＡに曝露していないかが気がかりだった。行政の調査で、市内にある水路の水のＰＦＯＡ濃度が高いと判明しているからだ。

「汚染の原因企業であることを、ダイキンが認めないのが腹立たしいです。市も、長い物には巻かれろという精神で、ダイキンに対してモノも言えない。市民は、何も知らされずに曝露してるんじゃないですか」

児童からの「感謝の手紙」に農業体験の先生は

非汚染地域の30倍を超える濃度のＰＦＯＡが血液から検出された森田恒夫（仮名）も、署名に参加した。

森田は、淀川製作所の近くの畑で育てた野菜を日常的に食べていた。だが心配しているのは自分の身だけではない。森田は淀川製作所から45メートルにある味生《あじふ》小学校に出入りし、児童の農業体験を手伝ってきた。子どもたちが心配だ。

署名をするだけではなく、森田は２０２２年3月1日、森山市長に個人でも要望書を出した。児童の健康のため、市が「安全・予知の原則」から、大阪府と国に積極的な行動を求めるよう訴えた。

1カ月後に届いた森山市長の回答は「必要に応じて、調査等について国・大阪府へ要望、要請を行ってまいります」というものだった。児童の農業体験に関する回答はなかった。

森田は、収穫時の写真や児童からの感謝の手紙はファイルに保管し、時折見返している。子どもたちが、ＰＦＯＡ汚染のことを何も知らずに農業体験を楽しみにしていたことを思うと、胸が痛む。

納得がいかない。

吉村知事に1万6317人分の署名提出

「PFOA汚染問題を考える会」は2023年2月24日には、大阪府の吉村洋文知事に対して1万6317人分の署名を提出した。

「考える会」事務局長の谷口武は、「行政も、汚染源であるダイキン工業も有効な調査・対策を行おうとしない」「指導・監督責任のある大阪府に有効な調査・対策を求める」と述べた。

大阪府事業所指導課の課長補佐・小梶登志明が受け取り、「大阪府としまして、この署名を受けまして、摂津市と連携しまして、今後ダイキン工業に対して対策を促進するなど、適切な対応をしていきたいと思います」と明言した。

その後、谷口ら「考える会」メンバーは大阪府庁で記者会見を開いた。記者室には、NHK、毎日放送、朝日放送、読売テレビ、関西テレビといった在阪のテレビ局に加え、朝日新聞や産経新聞などの記者やカメラマンがいた。総勢25人。

会見の冒頭は、谷口が発言した。谷口は元商業高校の教師で、退職後は小学校の学童保育の職員として、今でも子どもたちと接している。日頃は心優しくてどちらかというと物静かな人物だが、この日は怒りがこみ上げたからか、声に張りがある。

強調したのは、子どもたちの将来だ。全国一の汚染を記録しても摂津市、大阪府、そして国が互いに責任を押しつけ合う。住民たちは地域で穫れたコメを小学生が食べる行事を止めるため、校長や市長らに要請書を出すなど自ら動いてきたと説明した。

「日本最大、世界最大の汚染が見逃されていいはずがありません。心配するのは将来を担う子どもたちの未来です」

もちろん、子どもだけではなく大人たちも不安に晒されている。行政が動かない中、市民自ら京都大学の研究チームに血液検査を依頼した。２０２０年7月以降に検査した市民の85％が高濃度曝露していることが判明した。最も高い人で、非汚染地域の住民の70倍を超える。

谷口の話はどんどん熱が込もっていき、話はマスコミ各社へと向けられた。

「今まで私たちのところに、取材にきてくださった報道関係者がいくつかおられます。大変ありがたいと思っております。しかし、ほとんど取材だけで番組や新聞記事で報道されることはあまりありませんでした。それは、汚染源がダイキンという大企業であるため、たとえば訴訟リスクなどがあるのではないか、そう思っています」

「ダイキンが汚染源であることを含めて、摂津市のＰＦＯＡ問題を正面から積極的に報道していただきたいと願っております」

科学者・小泉の怒り

この会見には、京都大学名誉教授の小泉昭夫と、同准教授の原田浩二も参加した。私は、「考える会」にとって、これはとても効果的な作戦だと思った。なぜなら単なる住民の思いではなく、科学的知見でダイキンの汚染源としての責任を説明できるからだ。小泉と原田は摂津市を含む全国のＰＦＯＡ汚染を20年にわたって調査している。

２人の共通の見解は、「汚染源がダイキンであることに疑いはない」ということだ。

例えば２００４年、京都大学チームが全国の河川のＰＦＯＡ濃度を調べた時のことだ。京阪神地域で特に濃度が高く、調査を進めると摂津市内にあるダイキン淀川製作所の排水に行き当たった。当時の世界のＰＦＯＡ排出量の１割を排出していた。

２００８年の大気中のＰＦＯＡについての調査結果も、淀川製作所が汚染源であることを示した。淀川製作所から４５０キロメートル四方の大気を実測とシミュレーションで分析したところ、淀川製作所から季節によって風向きを変えながら一年中ＰＦＯＡが拡散していたことが判明した。この研究結果は、環境衛生分野での世界的有力誌『Environmental Science & Technology』に掲載された。

この日の会見ではＰＦＯＡ汚染による住民への健康影響についての懸念を述べた。題材にしたのは、２０２２年７月に米国で発表された『ＰＦＡＳ曝露、試験、及び臨床的フォローアップに関するガイダンス』（米国科学・工学・医学アカデミー）だ。

ガイダンスによると、血中濃度が２ナノグラム／mL以上の人には対処が必要だ。

これに対して、２０２２年６月の摂津市民11人を対象とした血液検査では、全員が２ナノグラム／mLを超え、内４人が20ナノグラム／mL以上だった。

例えば妊婦の場合、２～20ナノグラム／mLの場合は、妊娠高血圧症の検査が必要になる。妊娠高血圧症は、妊娠前は高血圧でなかった女性が、妊娠20週～産後12週の間に高血圧になる症状で、ＰＦＯＡが引き起こす代表的な疾患の一つだ。母親の出血や肝機能の悪化、胎児の発育不全などを引き起こし、最

小泉昭夫京都大学名誉教授＝2021年12月2日、筆者撮影

悪の場合は母子の死亡につながる。

20ナノグラム／mL以上の場合は、腎臓がんや精巣がん、潰瘍性大腸炎、甲状腺疾患のリスクを考慮した処置が必要となる。

京都大学チームによる検査人数は市民の一部だが、健康に影響を及ぼすほどのPFOAが検出される割合は高い。

小泉は、ダイキンがそれでも摂津市民の健康不安への対応を行わないことに怒る。米国のダイキン工場では、摂津市の50分の1の汚染に対して400万ドル（約4億4000万円）の和解金を支払ったからだ。

「この問題を真正面から、透明性を高めて取り上げていただくことは、むしろダイキン工業の面目も、評価も上がっていく。それなのに隠しているというのは、一部上場の大企業として非常に残念なことだと思っております」

元ダイキン社員の勇気

会見は約1時間で終わった。

印象的だったのは、元ダイキン社員で、淀川製作所の近くに住む男性が記者会見に出席していたことだ。自身の血液から、非汚染地域の住民の3倍を超えるPFOAが検出されている。男性は会見開始前、報道陣に、自身の顔を映さず、名前も報じないよう要請した。ダイキンによる対策を求めるようになってから、自宅にイタズラ電話がかかってくるようになったからだ。

誰が、どのような理由でイタズラするのかはわからない。ただ、雇用面など経済的に摂津市に恩恵をもたらしてきた「ダイキン城下町」で声をあげるのは難しいことは確かだ。

それでもこの男性のように勇気を出して活動に加わる動きは着実に出てきている。私が取材を始めた当初とは、明らかに状況が変化している。

環境省「ダイキンに対して対策を求める立場にない」

「考える会」は2023年3月2日、摂津市長の森山一正に対して1万6483人分の署名を提出した。市長の森山には、2022年4月にも署名を提出した。その際は1565人分だったが、今回はオンラインで署名を集めた。

この日は「考える会」事務局長の谷口武らが、午後2時に市役所を訪れた。署名を市長の森山に直接渡し、大阪府はダイキンに対して対策を求めると明言したことを伝えたうえで、摂津市に対しても同様の対応を取るよう求めた。

だが、署名提出を受けた森山は、摂津市は大阪府を含めたダイキンとの三者協議を重ねており、すでにダイキンに対策を講じるよう求めていると答えた。ダイキンに対してさらなる求めは行わないということだ。

6日後の3月8日には、環境省に対して2万3788人分の署名を提出した。東京・永田町にある衆議院第一議員会館を訪れた。環境省への署名提出は、会館地下一階の会議室で行われた。署名を受け取った環境省の職員は、次のとおりだ。

百瀬嘉則　水環境課・課長補佐

甲斐文祥　水環境課土壌環境室・室長補佐

齋藤あき　環境安全課環境リスク評価室・健康影響評価専門官／主査

事務局長の谷口は3人に対し、大阪・摂津でのPFOA汚染について審議された2022年4月の参議院環境委員会での環境大臣（当時）・山口壯の答弁を批判した。

「環境大臣は『大阪府と摂津市の仕事であり、大阪府にしっかりやっていただきたい。我々はきっちり助言します』という回答で、国も責任をたらい回しにしている状況です」

ところが、署名を受け取った課長補佐の百瀬は「改めまして、みなさまの不安の声を我々としても認識したところでございます」とは言ったものの、今年1月に立ち上げた専門家会議で科学的議論をするという回答に留めた。

では、環境省はダイキンに対して何をするのか。署名提出が終わり会場から退出した課長補佐の百瀬に私が質問したところ、きっぱり言った。

「ダイキンに対して対策を求める立場にない」

環境省に署名を提出して2週間余り。「考える会」は2023年3月24日には、汚染源であるダイキンに対して2万4498人分の署名を提出した。「考える会」はすでに、大阪府、摂津市、環境省に同様の署名を提出している。会としては、汚染源であるダイキンに一番先に提出したかったが、日程調整の都合でこの日になった。

事務局長の谷口武ら会のメンバー3人は午前10時前、淀川製作所に到着した。職員に案内された建物1階の会議室では、すでに2人のダイキン職員が待ち構えていた。ところが名乗らず、名刺も出さない。谷口が互いの自己紹介を呼びかけたことで、ダイキン職員の名前がわかった。

小松　聡　化学事業部　企画部　環境技術・渉外専任部長

濱谷武彦　淀川製作所　地域社会課

「考える会」のメンバーは、ダイキンに対して情報公開や地域住民への被害の補償を求める要望書と、社長の十河政則宛の質問書を手渡した。自身の血液から高濃度のＰＦＯＡが検出された市民からの手紙も読み上げた。

質問は13項目。3月31日までに文書での回答を求めたが、部長の小松聡はそれはできないと即答。回答に応じるかどうかもわからないと答えた。

1．2020年・2021年の大阪府の調査で一津屋地域地下水から2万〜3万ナノグラム／LのPFOAが検出されている。貴社周辺に全国最大のPFOA汚染が広がっている実態を認めるか。

2．摂津市におけるPFOA汚染について、大阪府・摂津市とも貴社を「主たる汚染源」としているが、貴社は「主たる汚染源」であることを認めるか。

3．PFOAは残留性の非常に高い物質として「永遠の化学物質」と呼ばれている。貴社が過去に排出したPFOA総量がどれだけか、社会的責任において公表すべきではないか。

4．現在の敷地内濃度、公共下水への排出濃度を公表すべきではないか。

5．貴社は遮水壁を作り敷地外への地下水の流出を防ぐとのことだが、すでに敷地外に汚染は広がっている。敷地外の汚染についての責任をどう考えるか。

6．周辺地域では土壌汚染も広がっている。2022年度中に環境省・農林水産省の土壌調査が行われた。土壌から農作物への移行も調査されたとのことだ。貴社は2022年1月の摂津市議会への回答によると「土壌からの曝露は現時点ではあると考えていない」とのことだが、国の調査結果によっては土壌からの曝露についてもあると認めるか。

7．敷地外周辺地域の土壌汚染への対策についてどう考えるか。

8．地域住民の血液からは高濃度のＰＦＯＡが検出されている。２０２２年の摂津市議会への回答によると、貴社は、「測定方法や分析精度が不明」としているが、どのような測定方法・分析精度なら認めるのか。

9．現在もしくは過去に、貴社社員のＰＦＯＡ濃度を調べる血液検査はしているのか。

10．測定方法や分析精度を問題にするなら、貴社自身が住民の不安に応えて血液検査を実施する考えはないのか。

11．２０２２年7月米国の科学・工学・医学アカデミーはＰＦＡＳの血中濃度と健康リスクの関連についての臨床的なガイダンスを発表した。貴社は「ＰＦＯＡによる健康被害が発生する状況とは認識していない」と回答しているが、住民の健康調査を行わずに「被害が発生する状況にない」とは何を根拠にしているのか。

12．貴社自身が住民の健康影響調査を実施する考えはないのか。

13．摂津市と貴社は「環境保全協定」を締結している。この協定は新たに発生する物質についても書かれている。貴社は協定に基づきＰＦＯＡについて摂津市と協議する考えはあるか。

この日は新聞社やテレビ局など報道関係者も取材に訪れたが、ダイキンは淀川製作所内に立ち入らせなかった。大阪・梅田にあるダイキン本社からやってきた広報グループの芝道雄と野田久乃が、集まった報道関係者が製作所内に入らないよう監視する徹底ぶりだった。

10時30分過ぎ、署名提出を終えた「考える会」のメンバーたちが淀川製作所から出てきた。谷口は「ダイキンは真摯に対応するとは言っていたが、口では何とでも言える。きちんと市民からの質問に答えていただきたい」と話した。

「考える会」メンバーの谷詰眞知子は元保育士だ。ダイキンの対応にがっかりして言った。

「私は市内に住む子どもたちのことについて訴えました。ですがダイキンは、こちらが何を言っても反応がありませんでした」

今もPFOAを排出しているダイキン

「考える会」は、摂津市、大阪府、環境省、そして汚染主体のダイキンに対して署名を提出した。すでに汚染された淀川製作所周辺の地域を何とかしてほしいという思いがある。

しかし、新たな汚染が今も続いている可能性がある。

環境省への署名提出を終え、「考える会」が記者会見を開いた時のことだ。会見には、国内におけるＰＦＯＡ研究の先駆者である京都大学名誉教授の小泉昭夫と、同准教授の原田浩二が同席。報道陣からの科学的な質問には、小泉と原田が市民に代わって対応した。

琉球新報の記者が質問した。

「ダイキンが流しているＰＦＯＡは、２０１２年には製造は終わっている。ということは、現段階では流出はないということでいいですか」

原田はこう答えた。

「地下水を集めてそれを今（下水に）流している。だからこれは実際のところ、排出はまだしていると考えた方がいい」

どういうことか。

ダイキンは、淀川製作所周辺のＰＦＯＡ汚染に対して、２つの「対策」を掲げている。

一つは、淀川製作所の外周に打つ遮水壁だ。地下に鉄の板を打ち込み、汚染水が敷地外に流出しないようにする。

もう一つが、淀川製作所内にあるＰＦＯＡを含んだ地下水を汲み上げ、浄化し、公共下水へ流すというものだ。現在、年間６万トンの地下水を汲み上げている。京都大学の原田が「排出はまだしている」と指摘したのは、この対策のことだ。

私は、ダイキン、摂津市、大阪府による非公開会議の議事録を見直した。２００９年以来、三者がＰＦＯＡ汚染への対策を協議している。２０２２年8月8日に開催された会議の資料に、工場敷地外へのＰＦＯＡ排出についての記載を見つけた。

会議資料によると、大阪府はダイキンに対して、排出濃度を暫定指針値の10倍を目標に徹底的に管理するよう要請していた。

暫定指針値とは、環境省が定める水環境中の目標値50ナノグラム／Ｌのことだ。大阪府はその10倍を目標に下水に排出するよう求めている。

ところが、ダイキンが実際に敷地外に出しているＰＦＯＡ汚染水の濃度は不明だ。過去の議事録には出てこない。大阪府はダイキンに対して「要請」しているだけで、実際の数値を尋ねてもいない。

もしダイキンがＰＦＯＡ濃度を十分に下げて排出していなければ、さらなる汚染を招く可能性がある。遮水壁で淀川製作所の地下水を敷地外に出ないようにすればいいだけではないのか。私は、ダイキンの「対策」について原田に尋ねた。

原田は、敷地内の地下水を浄化して下水に排出する対策については、「どれだけ周辺の濃度を下げられるのかが不明です」と指摘する。

一方で遮水壁を設置する対策については、「地下水の流れに合わせて不透水層までしっかり止水されているなら広がりは止められるはずです」と妥当性を語る。

しかし、遮水壁はいまだに完成していない。

20年前と同じ汚染ルート

原田の記者会見での指摘を聞いて、私は思い出したことがある。過去にダイキンが世界一のPFOA汚染をもたらした際の汚染ルートと、現在のPFOA汚染水のたどるルートが同じなのだ。

2004年、小泉ら京都大学の研究チームは、北海道から九州まで全国80カ所の河川のPFOA濃度を調べた。原田もメンバーの一人だ。調査の結果、淀川の支流である安威川《あいがわ》から、当時の世界最高レベルのPFOAが検出された。濃度は6万7000ナノグラム/L～8万7000ナノグラム/Lで、環境省が現在定めている目標値の1340倍～1740倍の高濃度だ。

調査を進めると、汚染源は安威川近くで稼働するダイキン淀川製作所であることが判明した。製作所からの排水は、下水処理場「安威川広域下水処理センター」に流れこむ。その下水処理場から、連日1・8キログラム、年間0・5トンのPFOAが排出されていることを確認した。当時、世界中で排出されていたPFOAは年間5トン。つまり、世界の1割のPFOAが淀川製作所によって排出されていたのだ。

さらに当時は、京阪神の住民の血液から高濃度のPFOAが検出されていた。最も住民の血中濃度が高い大阪市の水道水には、40ナノグラム／LのＰＦＯＡが含まれていたのだ。これは、仙台市の水道水の値の３００倍だ。大阪市は主に淀川から取水した水を使っていた。

一連の調査結果から、京都大学の研究チームは次のように結論づけた。

1. ＰＦＯＡが工場から排出され、下水処理場に行く
2. 下水処理場からＰＦＯＡを含んだ水が河川に合流する
3. 河川の水を使った水道水を住民が飲む
4. 住民がＰＦＯＡを体内に摂取する

19年前に世界最高レベルの汚染を記録した時と今回は、単純には比較できない。しかし、ダイキン淀川製作所から出たＰＦＯＡ汚染水が淀川に流れ着くまでのルートは同じだ。ダイキンが濃度を公表しない限り、摂津や近隣都市の住民は安心できない。

濃度知りたい住民

署名を提出した摂津市民たちは、ダイキンが下水へ流す排水のＰＦＯＡ濃度を明らかにする

よう求めている。「署名で求めること」の第一項目は以下だ。

「２００９年10月から20回以上にわたり、府民に知らされることもなく、大阪府、ダイキン、摂津市の三者懇談会が行われてきました。ダイキンの敷地内には高濃度のＰＦＯＡ汚染が広がっていると指摘されています。ダイキンは年間6万トンの地下水を汲み上げ、除却処理をして公共下水に排出していますが、その水のＰＦＯＡ濃度さえ明らかにしていません。周囲への流出を防ぐためにも、それらの情報公開とそれに基づく調査・対策が必要です。」

しかし、ダイキンは排水のＰＦＯＡ濃度の公開を拒んだ。市民は対面で話をすることも求めたが、それも拒否された。

摂津市内に住む吉井正人は、米国でのＰＦＯＡ公害を例に挙げて言う。

「米国のデュポンは、被害を与えた近隣住民に情報を公開している。なぜダイキンは、いつまでも隠蔽するのか」

広報の「スペシャリスト」

なぜダイキンはここまで、住民のことを軽く扱うのか。その本音を聞くチャンスを、私は「考える会」がダイキンに署名を提出した日に得た。相手は芝道雄。ダイキンで20年以上にわたり、広報を務めた人物だ。

この日は大手新聞やテレビを含む報道関係者も注目し、現場に駆けつけていた。ダイキンは、敷地内に報道陣を一切入れない徹底ぶり。本社からやってきた広報担当職員2人が報道陣の行動をチェックしていた。そのうちの一人が芝だった。私は名刺を交換した。芝の名刺には「コーポレートコミュニケーション室　シニアスキルスペシャリスト」と記している。

「考える会」の市民らが署名提出を終えて戻ってくるまで、報道陣は淀川製作所前の公道で待つしかない。その時間を利用して、私は芝に取材することにした。芝は名刺で「スペシャリスト」を自認している。ダイキンがＰＦＯＡ汚染への責任をどう考えているか、しっかり説明してくれると考えたからだ。

2000年にPFOAの危険性を知っても

私がまず聞きたいと思ったのは、ダイキンがこれまでに敷地外に排出したＰＦＯＡの量と濃度だ。淀川製作所周辺のＰＦＯＡ汚染は、全国一の高濃度だ。他の地点よりも桁が1つ多い。ここまでの汚染を引き起こすには、どれだけの濃度と量のＰＦＯＡを排出してきたか知りたかった。

しかし芝は、排出量や濃度について「過去のことはわからない」と答えた。

これはごまかしだ。ダイキンはＰＦＯＡの製造・使用を１９６０年代後半から始めた。現在に至るまで、全ての期間で濃度と排出量を把握していないわけがない。私は、ダイキンはいつから数値を把握していたのかと尋ね直した。

芝は「過去のことはわからない」と言っていたにもかかわらず、今度は「２０００年ぐらいから」と答えた。把握した理由についてはこう説明した。

「規制物質じゃなかったので、２０００年ぐらいまでは測定していなかった。アメリカで動きが出てきて、日本でもそれに倣って処理し始めた」

２０００年当時、米国政府はＰＦＯＡの危険性に警鐘を鳴らしていた。環境保護庁（ＥＰＡ）が、ＰＦＯＡの残留性に関する情報を周知したのだ。2年後には、ＰＦＯＡ製造で世界の最前線を走っていた3ＭがＰＦＯＡの製造を止めた。芝が言っているのは、こうした米国での動きだ。

ところがダイキンの対応は米国企業とは違うものだった。

まずダイキンはＰＦＯＡの製造をすぐにやめなかった。

汚染水の処理も米国での対応に比べ、杜撰なものだ。

ダイキンは今、工場敷地内にたまった地下水を汲み上げ、ＰＦＯＡを除去して外に排出している。しかしダイキンは、排水のＰＦＯＡ濃度を隠しているので、本当に除去されているかわからない。

汚染を敷地外に広げないためには、遮水壁を打ち込み敷地内にＰＦＯＡを封じ込めることが有効だ。だが２０００年の時点で危険性を知っていたにもかかわらず、いまだに設置できていない。

「文明生活維持のために」

なぜ、ＰＦＯＡの危険性を知った２０００年当時、ダイキンは製造をやめなかったのか。芝は「ご存じのように急にやめられないですよね。これだけの文明生活を維持するには」と答えた。

私が「たとえ危険でも？」と聞き返すと、芝は「戦争」を例えとして持ち出した。

「今から過去に遡って、『あの戦争はバカが起

ダイキン淀川製作所＝2021年11月15日、荒川智祐撮影

こしたんだ』と文章で糾弾するのは勝手だけど、それを遡って、だから今この人たちを糾弾するというのも、それはちゃんとした裁判とかなんかでやればいい話であって。そこを単に『けしからん』ということで、分かっていたのにこういうことをした、しなかったたっていうのは、その時の時代背景と今とで当然違いますから」

戦争を起こした責任について、時代背景を理由にうやむやにすることに私は賛同できない。さらに、芝の考え方には欠落している点がある。それは戦争の結果、今も苦しんでいる人たちがいるということだ。

ＰＦＯＡの公害についてもそうだ。自身の血液から高濃度のＰＦＯＡが検出された摂津市民や、工場近くの小学校に子どもを通わせている親、工場排水を使った水道水を飲んでいる大阪市民ら、今現在も不安に苛まれている人がいる。

しかし芝にとって、ダイキンが引き起こしているＰＦＯＡ汚染は、大したことではないようだ。

「『ダーク・ウォーターズ』の映画のように、（ＰＦＯＡを）池にざっと出していて、池の水を飲んで牛が死んだならそうだけど、ダイキンはあんなことやっていない」

「健康被害が出ていて因果関係がわかれば50年前であっても責任をとる」

「最高の信用」って？

私は芝を約25分間にわたって取材した。無責任で軽率な発言は、世界的な企業の広報を担ってきた人物とは思えないほどだった。

しかし、私は芝の経歴を調べていて驚いた。2019年8月、企業の社会貢献の周知活動を行う「経済広報センター」が主催する「企業広報賞」で、「企業広報功労・奨励賞」を受賞していた。2019年は、PFOA汚染が今ほど大きな話題にはなっていなかった時期だ。ダイキン、摂津市、大阪府の三者は市民にPFOA汚染の実態を伝えずに、非公開でPFOA対策会議を重ねていた。しかし、表彰式で芝は語った（宣伝会議「AdverTimes.」公式サイトより引用）。

「今後も、会社の方針でもある『最高の信用』に基づく広報活動を続けていきたい」

芝の言う「最高の信用」とは、一体誰に対する信用なのだろうか。

「第二の水俣になるのでは」

国会では2023年5月10日、衆議院厚生労働委員会で国内のPFAS汚染について議論された。立憲民主の阿部知子が質問に立った。阿部は小児科医でもある。

約35分にわたってＰＦＡＳ汚染について議論された。最初に議題に上がったのは淀川製作所を中心とした大阪・摂津でのＰＦＯＡ汚染だ。議論にあたって配られた資料には、Ｔａｎｓａの報道が引用された。

阿部はまず、ＰＦＡＳ汚染をめぐる世界と日本のこれまでの動きを遡った。そのうえで、ダイキンと並ぶ大手ＰＦＯＡメーカー・デュポンが、米国でＰＦＯＡ汚染による健康被害をもたらしたことに言及。米国では現在、バイデン政府が「ＰＦＡＳ戦略ロードマップ」を策定し、国をあげたＰＦＡＳ汚染対策を進めていることを指摘した。

ところが大臣の加藤勝信は、米国政府が進める「ＰＦＡＳ戦略ロードマップ」を知らなかった。「そのものについては承知しておりません」と答弁し、ロードマップの概要すら答えられなかった。

日本では２０２１年、デュポンによるＰＦＯＡ公害を描いた映画『ダーク・ウォーターズ』が公開されている。この国会の前月には、ＮＨＫ番組「クローズアップ現代」でＰＦＡＳ汚染特集が放送され、日本だけでなく米国をはじめとする国外のＰＦＡＳ規制についても紹介されていた。政府自身も、この年の１月にＰＦＡＳ汚染に対応するための審議会を２つ立ち上げている。

にもかかわらず、厚労省のトップが、米国が大々的に進めるＰＦＡＳ対策を知らないという。だが、加藤の無知はそれだけではなかった。

阿部は、大阪・摂津でのＰＦＯＡ汚染に話を移した。

１９６０年代以降、ダイキンは大阪・摂津にある工場でＰＦＯＡを製造・使用してきた。以来、大量のＰＦＯＡを敷地外に排出。２０２１年に法律でＰＦＯＡの製造・輸入が禁止された今でも、高い残留性をもつＰＦＯＡは工場周辺に蓄積し、環境中や周辺住民の血中から高濃度で検出されている。

阿部は、大阪府による昨年の調査で、工場すぐそばで採水した地下水から１リットルあたり２万１０００ナノグラムのＰＦＯＡが検出されたことを指摘した。政府が定める暫定指針値は１リットルあたり50ナノグラムなので、その４２０倍もの値だ。阿部は「世界的にみても記録的に高い」と述べ、「大臣は摂津の状況をこれまでお聞き及びか」と加藤に尋ねた。

加藤が答弁する。

「新聞の報道等で読んだだが、摂津市だったかどうかは明確ではありません」

摂津での汚染を知らない加藤。阿部はその後も、東京・多摩地区や沖縄でのＰＦＡＳ汚染について把握しているかを加藤に逐一確認した。だが、「どこの地域だったかは認識しておりません」、「泡消火剤の漏出と結びついた報道だったことは記憶している」といった具合だ。

質疑は加藤だけではなく環境省や内閣府・食品安全委員会の幹部たちにも行われた。しかしいずれも、PFAS汚染にまともに取り組む答弁は得られなかった。

政府の一連の対応を見かねた阿部が言った。

「はるかに疎いというか、遅いというか、危機感がないっていうか。そんなことをやっていて、第二の水俣になるのではないかと懸念を強くしています」

国連が強調した「ビジネスと人権」

遅々として進まない日本の汚染対策に、国連も動いた。

2023年8月4日、国連の「ビジネスと人権」作業部会の調査団が、東京・日比谷にある日本記者クラブで記者会見を開いた。国連の「ビジネスと人権」作業部会の議長であるダミロラ・オラウーイ（Damilola Olawuyi）と、アジア太平洋地域メンバーであるピチャモン・イェオパントン（Pichamon Yeophantong）は7月24日から日本に滞在していた。PFAS汚染、ジャニー喜多川による性暴力、性的マイノリティへの差別など日本での人権侵害の状況を調査するためだ。

摂津住民へのヒアリングは、7月29日に大阪市内で行われた。「ビジネスと人権」分野に関わるNGOスタッフや大学教授、科学者らも加わり、参加者は約40人に上った。

摂津住民の代表者は5分ほどのスピーチで、ダイキンによるPFOA汚染の実態や、政府や行政の対応の酷さを訴えた。

「大阪府も国も、摂津市のPFOA汚染の主たる原因がダイキン工業の淀川製作所であるとの見解を示しています。ところがダイキンは、PFOAの使用は認めつつ、自身が汚染源であることを認めず、汚染された地域のPFOA除去も拒んでいます。また、『PFOAに起因する健康被害は認識していない』とまで言い、地域住民の健康調査にも後ろ向きです」

議長のオラウーイは「PFAS問題は重要だと認識しています。解決のために何が必要だと思いますか」と問うた。摂津住民の一人が答えた。

「現在は、水の基準しかないが、土や食物、人の健康に関する基準や調査が必要です。企業などPFAS排出者に対して責任を取らせることは大事だと思います」

住民らは、ダイキンが米国で引き起こしたPFOA汚染についても説明した。摂津の汚染よりも低い値にもかかわらず、2018年にダイキンの米国法人が、原告の住民らに400万ドルを支払い和解している。日本では責任を取らないのはあまりに理不尽だという思いが、摂津の住民たちにはあった。

オラウーイとイェオパントンは、PFAS汚染被害に苦しむ地域住民の声を反映し、記者会見で配布した報告書を作成した。

「不安を感じるステークホルダーは、地方自治体も政府も、水道水中のこれら永遠に残る化学物質の存在について、十分な対策を講じていないとして、水と土壌のサンプリング調査や健康に対する権利への影響に関するモニタリングを求めています」

「私たちとしては、UNGP（ビジネスと人権に関する指導原則）と汚染者負担の原則に従い、この問題に取り組む責任が事業者にあることを強調したいと思います」

国際社会からの指摘をダイキンはどう捉え、どう対応するのか。私はダイキンに質問状を送って尋ねたが、返答はなかった。

日本での調査の翌2024年5月、「ビジネスと人権」作業部会は、国連人権理事会で審議するにあたって作成した、22ページにわたる報告書を公表した。

国による政策の欠陥を指摘した。影響を受ける地域の住民を対象とした大規模な血中濃度調査が含まれていないという点だ。

「影響を受ける全ての地域でのPFAS汚染及びその健康への悪影響に対処するためには、このような取り組みだけでなく、国レベルでの追加的措置が必要です」

さらに、企業による汚染については、改めてこう指摘した。

「国連指導原則及び汚染者負担の原則（Polluter-Pays Principle）」に基づいて、この問題に対処すべき企業の責任を強調します」

ダイキンも日本政府も、この勧告を無視している。

WHO「PFOAの発がん性確実」

WHO（世界保健機関）のがん専門機関「IARC（国際がん研究機関）」は2023年12月1日、PFASの発がん性に関する最新評価を発表した。IARCは、WHOのがんに特化した専門的な機関だ。独立した立場から、世界中の知見を集約・検討し、化学物質などの発がん性を評価する。目的は、がんの原因を特定することで予防措置を促し、病苦の負担を軽減することだ。

2023年11月7日から14日にかけて、フランス・リヨンでIARCの会議が開かれた。世界11カ国から30人の専門家が集まり、PFOAやPFOSに関するあらゆる文献を徹底的に精査。発がん性を判断するに足る科学的根拠の確かさを審議した。

その結果、PFOAを「グループ1＝発がん性がある」に認定した。

これまでPFOAは、「グループ2B＝発がん性の可能性がある」という評価に留まっていた。今回、一気に2段階引き上げられた理由は以下だ。

「動物実験での十分な証拠と、ＰＦＯＡに曝露したヒトにおける強力な証拠が揃った」

「グループ1」にはＰＦＯＡの他に、アスベストやカドミウム、タバコやアルコール飲料などが分類されている。

ＰＦＯＳは「グループ2Ｂ＝発がん性の可能性がある」だった。

評価の概要はすでに、権威ある医学誌『The Lancet Oncology』でオンライン公開されている。内閣府・食品安全委員会も、ＩＡＲＣの発表内容を日本語にしてウェブサイト上で公表した。

エピローグ——公害温存システムを断ち切る

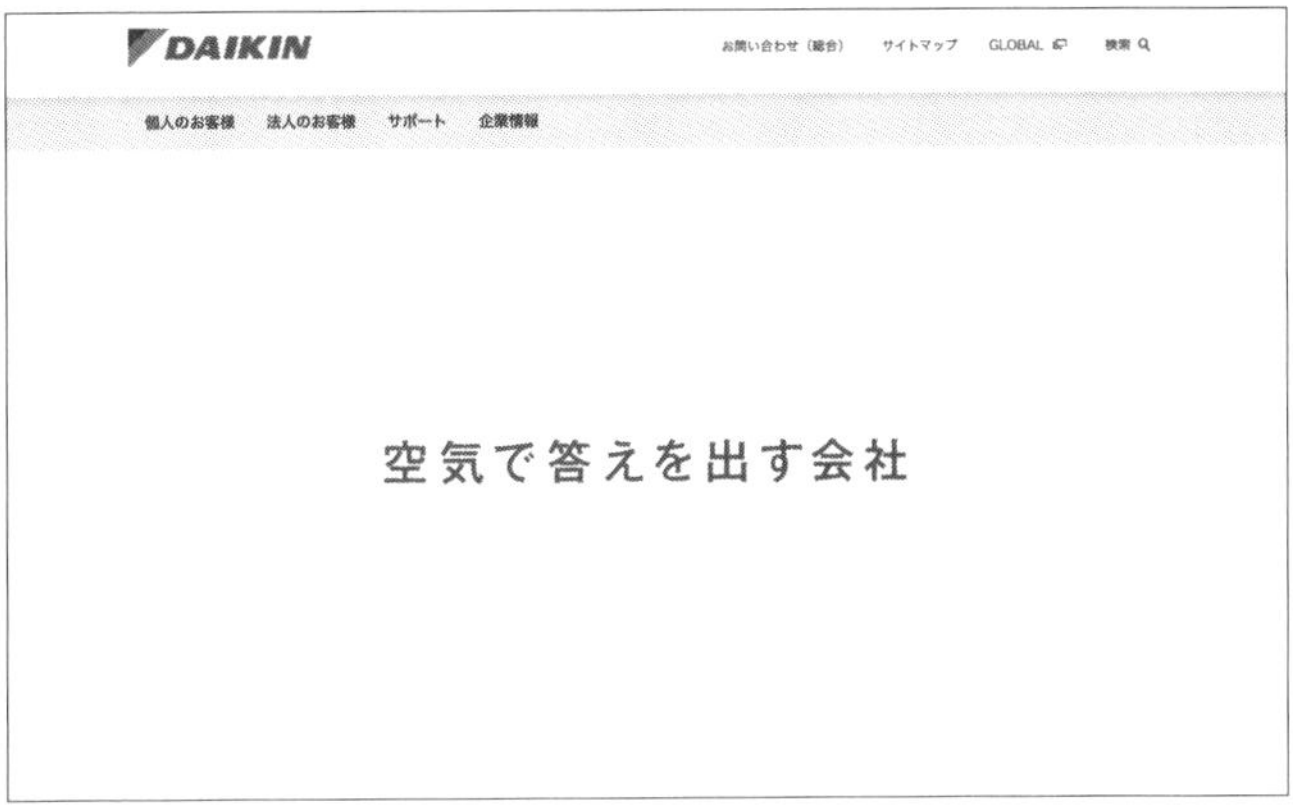

ダイキン工業公式ウェブサイトより

国内最大のＰＦＡＳ疫学調査

２０２４年8月11日、医師や科学者、市民からなる「大阪ＰＦＡＳ汚染と健康を考える会」が大阪市内で記者会見を開いた。会は、２０２３年9月から、国内最大のＰＦＡＳ疫学調査を進めてきた。居住地や職場が大阪府内にある15歳〜93歳の１１９０人が参加した血液検査の分析結果が出揃った。報告に立ったのは、分析を担った京都大学准教授の原田浩二と同名誉教授の小泉昭夫だ。

ＰＦＯＡやＰＦＯＳなど、毒性や残留性の高さが指摘される6つのＰＦＡＳについて血中濃度を計測。その結果、２人が驚いたのが、大阪府全体も全国平均の3倍という高濃度だったことだ。

環境省の調査での全国平均　２・２ナノグラム／mL
大阪府全体の平均値（１１９０人）　６・７ナノグラム／mL（全国平均の3倍）

この数字をどう評価すればよいのか。原田と小泉が示したのは、ＰＦＡＳの危険性を鑑み各国が採用する基準だ。ドイツ環境庁は「ＨＢＭ－Ⅱ」という基準を出している。ヒトを対象とした健康調査（疫学研究）を根拠に、健康リスクの予防のための目安として、ＰＦＯＡ基準値「10ナノグラム／mL」を設定している。米国政府が採用する「米国科学・工学・医学アカデミー」の臨床ガイダンスでは、ＰＦＯＡを含む7つのＰＦＡＳの合計値が「20ナノグラム／mL」以上の患者に対して、「腎臓がんや精巣がん、潰瘍性大腸炎、甲状腺疾患などのリスクを考慮した処置が必要」と警告している。これらの基準に照らすと、次の結果になる。

ドイツ環境庁の基準　8・5％が超過
米国アカデミーの基準　30・7％が超過

特にダイキン淀川製作所の周辺住民のＰＦＯＡ値が高かった。濃度は次のとおりだ。

環境省の調査での全国平均　2・2ナノグラム／mL
摂津市民の平均値（183人）　9・8ナノグラム／mL（全国平均の4・5倍）
摂津市民＋東淀川区民（311人）　8・1ナノグラム／mL（全国平均の3・7倍）

摂津市民と東淀川区民の17％がドイツ環境庁の基準を、45％が米国アカデミーの基準を超過している。

原田は「普通（ＰＦＯＡ汚染が起きていない地域で）は10ナノグラム／㎖を超えない」と述べ、「摂津市でのＰＦＯＡ汚染が顕著」と評価した。小泉は「摂津市と東淀川区が統計的に高いことは間違いない」と述べた。

さらに大阪府全体（一部に奈良県、兵庫県、京都府を含む）を5地域に分けたところ、ダイキン淀川製作所に近い方が高濃度だったことも判明した。なぜ大阪府の広範囲に及ぶ汚染が起きているのか。原因の把握のためには追加の調査が必要だが、小泉によると、淀川製作所の地下汚染水が広範囲に広がって土壌汚染を引き起こしていることが影響していると考えられる。

国内最大の疫学調査により、ダイキンがもたらしたＰＦＯＡ汚染の影響が可視化された。「考える会」で事務局長を務める長瀬文雄は、今回の結果を携え、大阪府や摂津市に対応を求める活動を行っていくと述べた。では、ダイキンに対してはどうか。健康影響については引き続きの調査が必要だが、自身の田畑や井戸が使えなくなった住民がすでにいる。ダイキンが自主的に住民への補償に乗り出さない以上、住民側から動くしかない。

私は、ダイキンへの提訴の可能性を尋ねた。事務局長の長瀬はこう答えた。

「『会』のメンバーには弁護士もいる。提訴は今後検討する」

公害企業の本音

日本は、公害企業にとって都合の良い国だ。

ダイキンの気持ちになってみると、このような考えが浮かんだ。

米国では損害賠償を支払ったし、他国でも現在、訴訟を起こされている。

だが日本では問題ない。ＰＦＯＡ汚染が、環境基本法が定める「公害」の条件に該当していたとしても、地方自治体と政府は互いに対応を押し付け合っている。一緒になって責任追及してくることはない。

それどころか、向こうから歩み寄ってくれる。摂津市は市民に「汚染原因はわからない」ととぼけてくれるし、大阪府はダイキンが作ったプレスリリースを流してくれる。国は未だに規制を作らない。

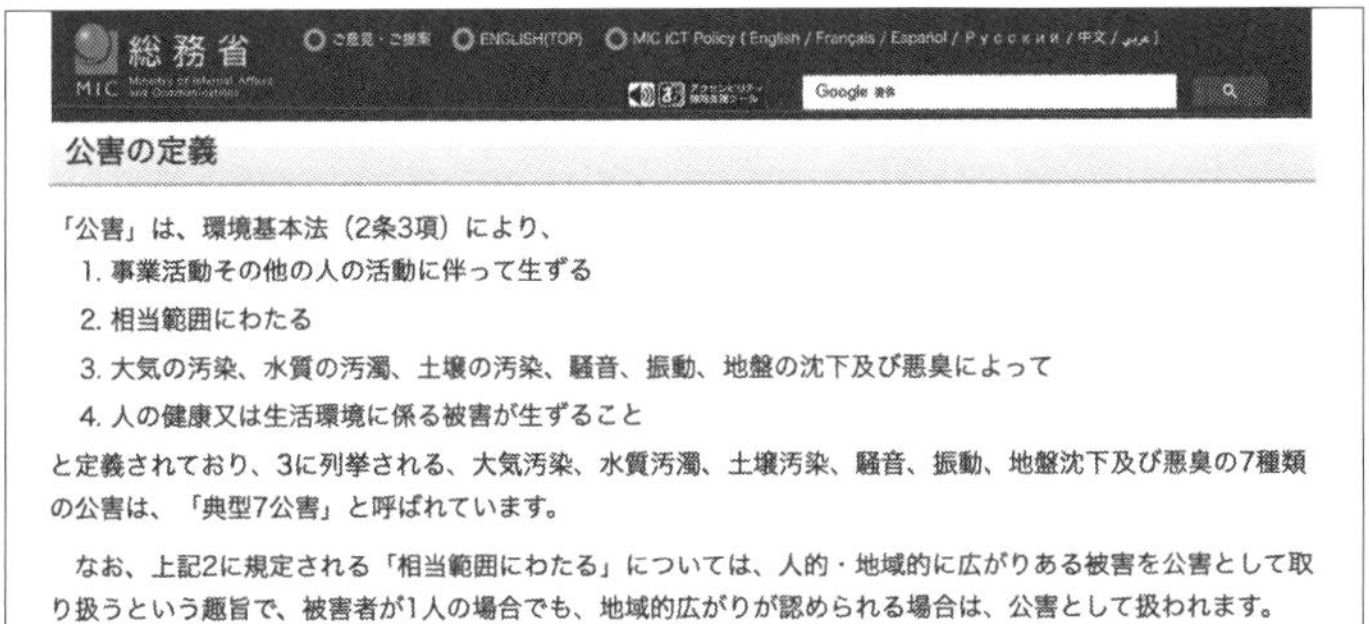
総務省 ご意見・ご提案 ENGLISH(TOP) MIC ICT Policy (English / Français / Español / Русский / 中文 / عربي)

Google 検索

公害の定義

「公害」は、環境基本法（2条3項）により、

1. 事業活動その他の人の活動に伴って生ずる
2. 相当範囲にわたる
3. 大気の汚染、水質の汚濁、土壌の汚染、騒音、振動、地盤の沈下及び悪臭によって
4. 人の健康又は生活環境に係る被害が生ずること

と定義されており、3に列挙される、大気汚染、水質汚濁、土壌汚染、騒音、振動、地盤沈下及び悪臭の7種類の公害は、「典型7公害」と呼ばれています。

なお、上記2に規定される「相当範囲にわたる」については、人的・地域的に広がりある被害を公害として取り扱うという趣旨で、被害者が1人の場合でも、地域的広がりが認められる場合は、公害として扱われます。

また、被害は、既に発生しているもののほか、将来発生するおそれがあるものも含まれます。

公害紛争処理の対象は、こうした公害に関する紛争です。例えば、低周波音による紛争もそれ単独では先述の公害類型には該当しませんが、騒音・振動に関係するものと考えられる場合は公害類型に該当し、制度の対象になります。

公害の定義＝総務省ウェブサイトより（下線は筆者）

マスメディアの扱いも簡単だ。新聞広告を打てば受け入れるし、テレビCMも流してくれる。報道内容も甘くて助かる。顧客にも公害企業であることはばれていない。

住民の多くも、沈黙している。一部の住民が声を挙げたとしても、資金も後ろ盾もない。跳ね返すことなど容易だ。

「傍観者」でいられる公害行政の当事者

この国では昭和の時代に公害がいくつも発生した。その代表格が四大公害病だ。熊本県で起きた水俣病（1953年〜1960年に発生）、新潟水俣病（1964年から発生）、富山県で起きたイタイイタイ病（1910年代〜1970年代に発生）、三重県の四日市ぜんそく（1959年〜1972年に発生）だ。高度経済成長期に、企業による化学物質の流出・漏出によって起きた凄惨な事件だ。

こうした公害を受け、1967年に公害対策基本法が施行された。さらにその3年後の1970年、内閣府に公害対策本部が発足し、この年の国会で14の公害対策関連法案が成立。「公害国会」と呼ばれた。

翌1971年には、環境庁が発足。環境庁には、公害対策本部や厚労省、当時の通産省や経済企画庁の中で環境に関係する部署が集まった。

１９７３年には、公害健康被害の補償を目的とする公害健康被害補償法、１９９３年に環境に関する施策の基となる環境基本法ができた。

それなのに令和の今、なぜダイキンのような企業が公害を繰り返すのだろうか。

一つは、公害を食い止める法律に、政府が自ら抜け穴を用意したことだ。公害被害者への補償措置は、「水俣病被害者救済法」（特措法）など、個別に法律を制定する必要があるのだ。

個別の法律も、被害者にとって十分な内容ではない。法の該当被害者から漏れて救済措置が受けられない人々が多数いた。原因企業や国を相手に、長年闘わねばならなかった。補償されぬまま亡くなった患者も数多くいる。

公害行政の欠陥は、法律だけではない。公害が発生しても、横串で対応できる組織が存在しないのだ。

たとえばＰＦＯＡ汚染において、環境汚染は環境省、水道水汚染は厚生労働省、ＰＦＯＡ製造企業への対応は経済産業省、汚染された農作物など食品への影響は、農林水産省や内閣府食品安全委員会で動いている。省庁を跨いだ委員会も存在するが、誰がイニシアチブを取るのかが明確ではない。

情報の一元管理もできていない。取材でのたらい回しは何度も経験した。同じ文言で関係する各省庁に情報公開請求をしても、出てくる文書には差があった。

特に足を引っ張っているのは経産省だと感じる。

たとえば、ダイキン淀川製作所が2003年に作成した「社外秘文書」や、ダイキン・大阪府・摂津市の三者会議録には、ダイキンと経産省との情報共有に関する記録がたびたび登場する。国内外のPFOA規制の動向を確認し合っている。

2021年にはPFOAの製造と輸入が法律で禁止になったが、この法律を所管するのは経産省だ。2023年6月の株主総会でダイキンは、PFOAの代替物質の規制を遅らせるための働きかけをしていると明かした。

自民党が長年与党の座にある日本の政治は、大企業の利益を優先する。環境や人体への影響を防ぐための環境省や厚労省よりも、経産省の力が強い。経産省が待ったをかければ規制が遅れるのは目に見えている。

機能不全に陥っている地方自治

公害温存システムの要因二つ目は、地方自治の機能不全だ。

環境省や経産省などの中央省庁へ行くと、職員らが口を揃えて放った言葉がある。

「事業所への対応は、都道府県さんの仕事です」

たとえ企業がPFOA汚染を発生させても、企業に立入検査をしたり指導したりする権限は国にないという。

2022年4月28日の参議院環境委員会では、ダイキンによるPFOA汚染が審議された。Tansaの記事を元に、共産の山下芳生が質疑に立った。山下は、淀川製作所から敷地外へのPFOA排出量について、「把握しないと対策が取れない」と指摘し、国が排出量を把握するよう迫った。答弁に立ったのは環境大臣の山口壯だ。「大阪府の知事さんがどういうふうな政治をされておられるか、しっかりと議論していただきたいと思います」

山下が「どういうことですか、今の答えは。環境省はやりませんということですか。大阪府に任せるということですか、環境大臣として」と食い下がると、山口は両手を縦に振りながら、「大阪府」を強調してこう答えた。

「大阪府の摂津市の仕事、大阪府はしっかりやっていただきたい、我々はきっちり助言を行います」

2020年にPFOAの全国一斉調査を実施し、大阪・摂津の地下水が全国ダントツの濃度であると発表したのは環境省だ。それでも大臣である山口は、府知事の吉村洋文に対応を押し付けたのである。

私は、そうであればと府知事の吉村に取材を申し込んだ。しかし吉村は大阪でのＰＦＯＡ汚染発覚以来、一度も私の取材を受けようとしない。「担当課が対応できる」と、事業所指導課に対応させた。

知事に指名された職員たちも、役割を全うしなかった。事業所指導課に取材したが、事実と異なる発言を繰り返したうえ、こちらが確認作業を求めても怠った。私は編集長の渡辺と連名で知事の吉村に抗議文を出したうえで、知事本人への直接取材を再度申し込んだ。だが、返事を送ってきたのは事業所指導課だった。知事は取材を辞退し、事業所指導課が取材に応じるという。全く話にならない。

国が知事に押し付け、知事が職員に押し付ける。岡山県吉備中央町の水道水から高濃度のＰＦＯＡが検出された時、知事の伊原木隆太も同じだった。

地方分権と言っても、自治体に公害を解決するような能力はなく、省庁の責任回避に利用されているだけなのだ。

波風を立てなきゃ変わらない

そして三つ目の要因は、私たち一人ひとりにあると思う。

自分の町について、どれだけ知っているだろうか。首長の名前を言えるだろうか。普段から、施策や議員の動きに意識を向けているだろうか。ＰＦＯＡ汚染のような重大事に直面した時に、声を挙げられるだろうか。

私はＰＦＯＡ取材を通して、多くの「怒らない住民」と出会った。ＰＦＯＡ汚染を知っても、「ダイキンさんにはお世話になっとるからなあ……」と口にした住民もその一人だ。

吉備中央町では、町に対して対応を求める署名を集めた町民が批判の的になった。

署名活動を立ち上げたのは、２歳の息子から高濃度のＰＦＯＡが検出された上原京子と、近所に住む友人の我妻瑛子だ。住民説明会で町は、ＰＦＯＡの危険性を伏せたり、過去の汚染については町民から質問が上がるまで明かさなかった。２人は、町が事態をごまかそうとしているように感じ、署名活動の立ち上げを決めた。

瑛子も京子も、普段は働きに出ている。平日の帰宅後や土日を使って、署名用紙をポスティングしたり、インターホンを鳴らして説明に回ったりした。「これはなんとかしなきゃね」と危機感をもち署名してくれる町民がいる一方で、活動をよく思わない町民もいた。

「誰の許可を取ってやってるんだ！」

「私はもう高齢だから、病気になってもいいんだよ」

「こんなもの、持ってくるな！」

ある日、署名用紙を受け取ったという町民から、京子に電話がかかってきた。署名用紙には、京子と瑛子の携帯番号を記載している。電話は、何十年もこの町に住んでいるという町民からだった。

「役場が大丈夫って言っているんだから、楯突くようなことをするな！」

電話を置いた後、京子は頭を抱えた。自分たちの行動は、間違っているのだろうか。幼い子どもたちはもちろん、この町で生活してきた人たちのために、杜撰な管理をしてきた町を変えたいだけだ。

京子は結婚を機に、吉備中央町に越してきた。長く住む町民にとっては、役場に何かを訴えて事を荒立てるようなことはしたくないのかもしれない。京子は、吉備中央町で生まれ育った、「円城浄水場ＰＦＡＳ問題有志の会」代表の小倉博司に相談することにした。電話をかけ事情を話すと、博司が穏やかな声で言った。

「上原さんは正しいことをやっている。たとえ反対の声があっても、動きを止めてはいけないよ」

最終的に、署名は１０３８人分集まった。血液検査の実施と、汚染が判明している3年分の水道料金の返還を求める要望書と合わせて、有志の会から町長に提出した。その結果、町民に対して誤魔化そうとしたり、血液検査に後ろ向きだった町が、２つの要求内容を実現することを決めた。

反対意見に押され、有志の会が行動を起こさなければ、どうなっていたのだろうか。私は、血液検査は実施されていなかったと思う。

巨大企業の脇を、政府や行政、物言わぬメディアが固めている。だが、その足場は脆い。「正しさ」で闘えないからだ。わたしたち市民に立ち上がる勇気があれば、巨大な壁でも崩せる。

現状を放置すれば、その影響は必ずわたしたちに返ってくる。公害温存システムを断ち切るための闘いに、ぜひ一緒に挑んでほしい。

おわりに

この本の署名は私一人だ。だが本当は、何百人もの方々のおかげで出来上がった本である。ここで紹介し、感謝を伝えたい。

第一に、取材に協力してくださった方々だ。

「ダイキン城下町」では今も、ダイキンに対して声を挙げることは勇気の要る行動だ。吉備中央町でも、行動を起こせば、「役場に楯突くようなことはするな」と言われてしまう。それでも、「子どもたちのために」「より良いまちに変えるために」と協力してくださった方々がいたおかげで、現場で起きている身につまされるような事実を忠実に描くことができた。全国各地にも手助けしてくださった方がたくさんいる。正面からはアクセスできないような情報を得たことで、さらに深い、深いところへ取材を進めることができた。情報源の秘匿のため、詳しいことは明かせない。だが、情報を託してくださった名前と顔が浮かぶ一人ひとりのおかげで、取材が成り立っている。

第二に、編集担当者の木内洋育さんと、デザインや広報など、出版までの地道な作業を丁寧に担ってくださった旬報社の皆さんだ。木内さんは一貫して、私に自由にやらせてくれた。本書に、どこかに遠慮した表現は一切ない。書籍名も、最後の最後までこだわらせてくれた。

「いいのが浮かばないから木内さんの提案がほしい」と伝えたにもかかわらず、最後は木内さんの提案からガラリと変えた案を送った。木内さんの返信は「これで行きましょう。良いですね、なんだか表現が柔らかい感じで」。妥協のない作品をつくることができた。

忘れてはいけないのが、Ｔａｎｓａに関わっている人たちだ。

Ｔａｎｓａとは、私が所属する、探査報道を専門とした報道機関「Tokyo Investigative Newsroom Tansa」のことだ。探査報道では、最新のニュースをいち早く報じるのではなく、日の当たりにくい問題に目を向け、時間や労力を惜しまずに隠れた真実を掘り起こす。今被害に遭っている人の状況を変えることと、将来の被害を防ぐのが探査報道の目的だからだ。より多くの人々に届けるため、単なるレポートではなく、読者が引き込まれるような物語性のある記事をオンライン上で発信している。２０１７年の創刊以来、Ｔａｎｓａは独立した立場で運営している。企業や行政からの広告費は一切受け取らない。財源は、個人からの寄付と、編集に介入しない基金や財団からの助成金だ。

Ｔａｎｓａを応援してくださる、千人近い寄付者の方々がいるから、私は深く緻密な取材を続けてこられた。寄付者がいなければ、本書籍の出版どころか、元となった記事すら生まれていない。感謝してもしきれない。

最後は、Ｔａｎｓａのメンバーだ。

同僚に謝辞を述べるのは憚られるかもしれないが、Ｔａｎｓａは少ないメンバーで協力し合いながら日々仕事している。互いの助けがないと、取材以前に組織として成り立たない。

学生インターンは嫌な顔ひとつせず丁寧な仕事で助けてくれた。朝から晩まで取材現地で写真を撮ってくれた荒川智祐さん、校閲を手伝ってくれた三井凜さん、杉田さらさん。記者たちが取材に注力できるよう、運営面を支えてくださっているボランティアの佐野誠さん。互いに力をつけて、２人でＴａｎｓａを引っ張る存在になろうと決めた、リポーターの辻麻梨子さん。そして、編集長の渡辺周さん。渡辺さんには、日々の取材に加え、本執筆でも私が困った時に何度も助けてもらった。「早く一人前の探査ジャーナリストになりたい」と常に刺激を受ける存在だ。

ここで挙げた一人ひとりに、心から感謝を申し上げる。

［著者紹介］

中川七海（なかがわ　ななみ）

1992年、大阪生まれ。大学卒業後、米国本部の国際NGO「Ashoka」に3年間勤務。2020年から探査報道に特化した非営利独立メディア「Tokyo Investigative Newsroom Tansa」に加入し、ジャーナリストに。原発事故下の精神科病院で起きた患者死亡事件の検証報道「双葉病院 置き去り事件」でジャーナリズムXアワード大賞（2022年）、ダイキン工業による大阪での化学物質汚染を描いた「公害PFOA」で、PEPジャーナリズム大賞（2022年）とメディア・アンビシャス大賞［活字部門］優秀賞（2023年）を受賞。嫌いな言葉は「しょうがない」。

終わらないPFOA汚染

――公害温存システムのある国で

2024年10月10日　初版第1刷発行

著　者――中川七海

装　丁――河田　純（ネオプラン）

発行者――木内洋育

発行所――株式会社 旬報社

〒162-0041　東京都新宿区早稲田鶴巻町544

TEL 03-5579-8973　FAX 03-5579-8975

ホームページ　https://www.junposha.com/

印刷・製本―中央精版印刷株式会社

　ISBN978-4-8451-1952-3